□ 应用统计学丛书

Geospatial Health Data: Modeling and Visualization with R-INLA and Shiny

地理空间健康数据：

基于R-INLA和Shiny的建模与可视化

Paula Moraga 著

汤银才 王平平 译

中国教育出版传媒集团

高等教育出版社·北京

图书在版编目（CIP）数据

地理空间健康数据：基于 R-INLA 和 Shiny 的建模与可视化 /（英）保拉·莫拉加（Paula Moraga）著；汤银才，王平平译.
-- 北京：高等教育出版社，2023.11
（应用统计学）
书名原文：Geospatial Health Data: Modeling and Visualization with R-INLA and Shiny
ISBN 978-7-04-060766-6

Ⅰ.①地… Ⅱ.①保… ②汤… ③王… Ⅲ.①地理信息系统 - 可视化软件 Ⅳ.① P208

中国国家版本馆 CIP 数据核字（2023）第 124478 号

地理空间健康数据：基于 R-INLA 和 Shiny 的建模与可视化
Dili Kongjian Jiankang Shuju: Jiyu R-INLA he Shiny de Jianmo yu Keshihua

| 策划编辑 | 和 静 | 责任编辑 | 和 静 | 封面设计 | 赵 阳 | 版式设计 | 徐艳妮 |
| 责任绘图 | 黄云燕 | 责任校对 | 胡美萍 | 责任印制 | 存 怡 | | |

出版发行	高等教育出版社	网　　址	http://www.hep.edu.cn
社　　址	北京市西城区德外大街 4 号		http://www.hep.com.cn
邮政编码	100120	网上订购	http://www.hepmall.com.cn
印　　刷	保定市中画美凯印刷有限公司		http://www.hepmall.com
开　　本	787mm×1092mm　1/16		http://www.hepmall.cn
印　　张	15.5		
字　　数	350千字	版　　次	2023 年 11 月第 1 版
购书热线	010-58581118	印　　次	2023 年 11 月第 1 次印刷
咨询电话	400-810-0598	定　　价	79.00 元

本书如有缺页、倒页、脱页等质量问题，请到所购图书销售部门联系调换
版权所有　侵权必究
物 料 号　60766-00
审图号 GS 京（2023）0866 号

献给 Pepe, Bernar 和 Gonzalo,

并以此纪念我深爱的父母.

译序

贝叶斯推断方法广泛应用于统计建模与机器学习, 其基本思想是通过贝叶斯公式整合先验分布 (先验信息) 与似然函数 (样本信息) 形成后验分布, 然后再进行模型拟合或预测等, 其中先验分布可以是源于历史数据或专家经验构建的主观先验分布, 也可以是基于某种准则所导出的客观先验分布 (如拉普拉斯平坦分布、Jeffreys 先验和 reference 先验等). 贝叶斯推断不仅适用于小样本下的简单模型, 也同样适用于中等或大样本下的复杂模型. 对于后者, 后验分布通常很难显式表示为常见的统计分布, 这时的后验统计推断往往会涉及复杂的高维积分计算, 而传统的数值积分近似及蒙特卡罗积分显然已经无法应对 "维数灾难" 问题, 即后验推断中涉及的计算量随着参数维数的增加而成倍增加的问题.

随着 20 世纪 80 年代马尔可夫链蒙特卡罗 (Markov Chain Monte Carlo, MCMC) 算法的提出并不断推广 (如 Gibbs 抽样、Metropolis-Hastings 算法、切片抽样及哈密顿蒙特卡罗算法), 贝叶斯推断所遇到的复杂积分的瓶颈问题可通过从后验分布的迭代抽样得到的马尔可夫链得到解决. 同时, 为了大幅降低编程难度, 各种基于概率编程思想的贝叶斯推断软件 (如 WinBUGS/OpenBUGS, JAGS, NIMBLE, Stan) 及 R 软件包 (如 R2WinBUGS/R2OpenBUGS, rjags/R2jags/runjags, nimble, rstan) 或 Python 库 (如 PyMC3) 不断推出, 逐渐形成了一系列基于 BUGS 语言的智能化贝叶斯推断引擎, 并用于处理社会学、生态学、环境科学、计量经济学、金融与经济学、生物医学、流行病学、保险学等各个相关领域中产生的复杂数据的贝叶斯统计推断, 这反过来也为 MCMC 算法的优化与长期发展提供了机会.

MCMC 算法本质上是一种拒绝–接受抽样迭代算法, 其关键是从后验分布中间接抽取马尔可夫链. 在满足一定的正则条件下, 可以保证从达到平稳状态的马尔可夫链截取的一段迭代值可作为后验样本用于蒙特卡罗积分. 理论上, 只要迭代次数足够多, 此算法提供的迭代值最终会收敛, 且收敛到我们预先指定的目标分布, 即后验分布. 基于 MCMC 算法的贝叶斯推断理论可视为一种精确的后验推断方法. 然而, 精确并不等于有效. 实际上, MCMC 算法的抽样效率依赖于实际使用时所涉及的一些技巧.

1. 马尔可夫链转移核的选取: 差的转移核会导致算法的收敛速度变得很慢, 链值之间存在很强的相关性, 或接受的比例很低.

2. 收敛性诊断: 这通常需要人工干预, 或是通过多条链的收敛诊断图 (如样本路径图、遍历均值图、自相关图等), 或是通过考察马尔可夫链的误差及 BGR (Brooks-Gelman-Rubin) 诊断统计量 (又称潜在的规模折减系数, Potential Scale Reduction Factor, PSRF) 进行诊断.

3. 有效样本的选取: 为保证推断的精度, 收敛后的马尔可夫链仍需要抛弃一部分

初始迭代值 (称为预烧期, burn-in), 并间隔选取一部分迭代值 (称为稀释, thinning), 它们会直接影响后验推断的精度.

因此, 理论上看似完美的 MCMC 算法在实际使用时仍然避不开 "维数灾难" 问题, 从而在计算上表现为可扩展性问题, 并很大程度上会阻碍贝叶斯推断在复杂模型应用上的落地.

在过去二十年, 贝叶斯近似计算已经悄然兴起, 在计算效率上表现突出的有变分贝叶斯 (Variational Bayes, VB) 与积分嵌套拉普拉斯近似 (Integrated Nested Laplace Approximation, INLA) 方法. INLA 是 Rue 等人于 2009 年提出的, 旨在为一类潜在高斯模型 (Latent Gaussian Model, LGM) 提供一种快速而精确的近似贝叶斯计算方法. 一个 LGM 本质上是一个包含潜变量的分层贝叶斯模型, 它由一个具有线性预测因子的似然函数、一个潜在高斯随机场 (Latent Gaussian Random Field, LGRF) 以及一个超参数向量的先验分布所组成, 用公式表示为

$$y \mid x, \theta_2 \sim \prod_i p\left(y_i \mid \eta_i, \theta_2\right),$$

$$x \mid \theta_2 \sim N\left(0, Q^{-1}(\theta_2)\right),$$

$$\theta = (\theta_1, \theta_2) \sim \pi(\theta),$$

其中潜变量向量 x 由线性预测因子 η_i 中的所有参数及其本身所构成, θ 是 LGM 中的超参数向量, $\pi(\theta)$ 为其先验, $Q(\theta_2)$ 是精度矩阵. 模型中似然的分布 $p(\cdot \mid \cdot, \cdot)$ 没有什么限制, 而线性预测因子 η_i 中可包括 (线性) 固定效应、(非线性) 随机效应, 后者又可以是平滑效应、空间效应、时空效应等. 可见, LGM 可包括许多复杂的模型, 如熟悉的广义线性模型 (Generalized Linear Model, GLM)、广义可加模型 (Generalized Additive Model, GAM)、时间序列模型、空间模型、测量误差模型等.

LGRF 又被称为高斯马尔可夫随机场 (Gaussian Markov Random Field, GMRF), 其潜在效应 x 满足马尔可夫性和正态性, 其中的马尔可夫性可保证: (1) 潜变量间条件独立, 即 $x_i \perp x_j \mid x_{-ij}$; (2) $Q_{ij}(\theta_2) = 0$, 即精度矩阵是稀疏的. 这样尽管 x 通常是高维的, 但其精度矩阵的稀疏性, 加上超参数向量 θ 的低维特点, 可以保证这个模型的待估参数可大幅降低, 这是 INLA 方法得以快速实现贝叶斯计算的关键.

基于上述理论, Rue 等人 (2009) 开发了一套 INLA 算法, 实现超参数向量 θ 后验分布 $\pi(\theta \mid y)$ 及潜在效应边际后验分布 $\pi(x_j \mid y)$ 的计算. 这里 "拉普拉斯近似" 应用于 x 的条件后验分布上, 而 "嵌套" 是指将上述近似应用于数值积分近似公式中. 为了便于算法的推广与使用, Rue 等人基于同名的 C 语言库 GMRF 开发了一个 R 软件包 INLA (也称为 R-INLA). 经过十多年的迭代更新, 该软件包已经相当稳定, 并被广泛使用. 此外, 为了实现地理区域上空间数据的贝叶斯分析, Lindgren、Rue 和 Lindström 于 2011 年指出, 具有 Matérn 协方差结构的高斯连续空间过程可作为随机偏微分方程的一个解用于近似连续空间上的 LGRF, 而且他们还基于有限元法构建了此 LGRF 的算法, 并开发了 R 软件包 inlabru, 实现了 R-INLA 软件包的扩展, 同时还可进行地理制图. 最后, 人们通过这两个包可很自然地实现时间过程与空间过程相结合的时空统计建模.

在过去的十多年时间里, INLA 算法及 R-INLA 软件包被广泛使用, 呈现在大量的研究论文与案例中, 并汇集到已经出版的高质量图书中. 在刚刚过去的两年里, 我们通过讨论班形式仔细阅读了 INLA 系列图书的核心章节, 重现了其中的很多实例, 真正体会并验证了 INLA 算法的精确性与高效性, 以及 R-INLA 软件包的便利性. 我们重点阅读了以下五本图书.

1. Blangiardo, M. and M. Cameletti (2015). *Spatial and Spatio-temporal Bayesian Models with R-INLA*. John Wiley & Sons.
2. Gómez-Rubio, V (2020). *Bayesian Inference with INLA*. Chapman & Hall/CRC.
3. Krainski, E., V. Gómez-Rubio, H. Bakka, A. Lenzi, D. Castro-Camilo, D. Simpson, F. Lindgren, and H. Rue (2019). *Advanced Spatial Modeling with Stochastic Partial Differential Equations Using R and INLA*. Chapman & Hall/CRC.
4. Moraga, P (2020). *Geospatial Health Data: Modeling and Visualization with R-INLA and Shiny*. Chapman & Hall/CRC.
5. Wang X., Y. R. Yue, and J. J. Faraway (2018). *Bayesian Regression Modeling with INLA*. Chapman & Hall/CRC.

基于此, 我们希望将这些图书翻译出版, 让中国高校更多的师生及数据从业人员熟悉并使用 INLA 算法及其软件包, 推动近似贝叶斯推断算法的应用研究.

在这一系列图书的翻译、排版、校对到最后出版的整个过程中, 我们得到了许多朋友的帮助, 在此衷心表示感谢. 首先, 我要感谢参加由我组织的贝叶斯近似计算讨论班的博士生与硕士生: 周世荣、徐嘉威、李璇、孙彭、吴文韬、林晓凡、刘行、徐顺拓、左天晴、方锦雯、王旭、刘月彤和庄亮亮等, 他们的坚持给了我莫大的动力; 我要特别感谢周世荣、徐嘉威、李璇、吴文韬、林晓凡、刘行和徐顺拓几位同学, 他们参与了系列图书第一稿的翻译工作; 陈婉芳和王平平两位老师不仅参与了翻译工作, 还与我一起承担了图书的校订工作, 并给出许多建议, 保证了图书翻译的进度与质量, 感谢她们; 我要感谢系列图书中的几位作者, Virgilio Gómez-Rubio 教授提供了 *Bayesian Inference with INLA* 及 *Advanced Spatial Modeling with Stochastic Partial Differential Equations Using R and INLA* 两本书的 Bookdown 源文件及更新的 R 程序代码, Paula Moraga 教授快速回复了我的邮件, 并第一时间提供了 *Geospatial Health Data* 一书的 Bookdown 源文件, 他们的热心帮助使得这几本书的翻译时间大为缩短. 最后, 也是最为重要的, 我要感谢高等教育出版社的赵天夫、吴晓丽、李鹏、和静和李华英几位编辑; 赵老师与我就图书的翻译问题及时沟通, 联系购买了系列图书英文版的 TEX 源文件, 并亲自调试适合此系列图书的 TEX 模板; 吴老师更像是我的朋友和贵人, 帮我牵线搭桥, 通过海外合作部的同事提供图书信息, 解决图书翻译中遇到的各种问题.

在整个翻译过程中, 我们对书中的 R 代码进行了复现, 为保证代码的可读性我们对代码中的注释及图中的坐标标签、图例、标题及说明等进行了翻译. 然而, 由于 R 的版本在不断迭代, 从原来的 3.6 更新到翻译时的 4.2, 而最新的 R-INLA 与早期的版本相比也有很多更新和扩充, 少量代码在不同版本下运行难免会出现这样或那样的问题, 若遇到此类问题, 敬请读者尝试较早的版本、查看作者的主页以及与作者或我们联系.

　　对于书中的人名, 我们基本遵照拉丁字母拼写的形式, 但也保留了几个例外, 如对 Bayes、Gauss、Markov、Laplace 的姓氏直接译为: 贝叶斯、高斯、马尔可夫、拉普拉斯, 这是因为这些姓氏的音译已经普及, 同时它们又经常变为形容词, 如 Bayesian、Gaussian 等, 这样在行文时似乎比较自然.

　　由于整个团队的知识面有限且时间较为仓促, 系列图书的翻译难免会出现错误或不到位的情况, 敬请广大读者批评指正.

　　本系列图书可作为统计学专业贝叶斯统计课程的拓展性参考书, 也可作为生态学、地理统计、流行病学等专业从事贝叶斯统计分析研究与数据处理的师生及从业人员的工具书和参考读物.

汤银才

2022 年 6 月夏于上海

前言

《地理空间健康数据: 基于 R-INLA 和 Shiny 的建模与可视化》一书介绍了在 R 语言中分析地理参考健康数据的空间和时空统计方法以及可视化技术. 在详细介绍了地理参考空间数据之后, 本书介绍了如何构建疾病制图的贝叶斯层次模型, 并将积分嵌套拉普拉斯近似法 (INLA) 和随机偏微分方程 (SPDE) 等计算方法应用于分析区域和地理参考统计数据. 这些方法可以用于量化因疾病产生的负担、了解地理模式和时间上的变化、识别风险因素和度量人口之间的差异. 本书还介绍了如何创建交互式和静态的可视化, 如疾病地图和时间图, 并介绍了多个 R 软件包, 可用于轻松地将分析结果转化为视觉信息丰富的交互式报告、仪表盘和 Shiny 网络应用程序, 以促进与合作者和决策者的沟通.

本书的特色是提供几个疾病和环境应用方面的详细操作案例, 它们使用的是现实生活中的数据, 如冈比亚的疟疾、苏格兰和美国的癌症以及西班牙的空气污染等数据. 书中的例子都是健康方面的应用, 但所涉及的方法也同样适用于其他使用地理参考数据的领域, 包括流行病学、生态学、人口学或犯罪学. 本书涵盖了以下一些主题:

- 空间数据的类型和坐标参考系统,
- 点、区域和栅格数据的操作与转换,
- 高分辨率的空间参考环境数据的读取,
- 用 **R-INLA** 软件包拟合和解释贝叶斯空间和时空模型,
- 不同的环境下疾病风险的建模和风险因素的量化,
- 交互式和静态可视化的创建, 如疾病风险图和时间图的创建,
- 用 R Markdown 创建可重复的报告,
- 用 **flexdashboard** 开发仪表盘,
- 交互式 Shiny 网络应用程序的构建.

本书使用公开的数据, 并提供了数据导入、操作、建模和可视化的详细 R 代码以及对结果的详细解释. 这易于学生、研究人员和从业人员对于内容的理解和应用.

读者

本书主要面向流行病学家、生物统计学家、公共卫生专家以及政府机构中处理地理参考健康数据的专业人士. 此外, 由于书中讨论的方法不仅适用于健康领域的数据分析, 也适用于许多其他领域所要处理的地理参考数据, 因此本书也适合于希望学习如何对此类数据进行建模和可视化的其他领域 (如流行病学、生态学、人口学或犯罪学) 的研究人员和从业人员. 本书同样适合统计学和流行病学或其他具有较强统计背景的学科的研究生阅读.

前提条件与阅读推荐

本书假定读者熟悉 R 和数据分析的基本知识. R (`https://www.r-project.org`) 是一个免费的、开源的、用于统计计算和绘图的软件环境, 它有许多优秀的软件包用于导入和处理数据、统计建模和可视化. R 可以从 CRAN (Comprehensive R Archive Network) (`https://cran.rstudio.com`) 下载. 建议使用名为 RStudio 的集成开发环境 (IDE) 来运行 R, 该环境可从`https://www.rstudio.com/products/rstudio/download` 免费下载. RStudio 允许人们更容易地与 R 交互. 它是一个包括控制台窗口和语法突出显示的编辑器窗口, 这两个窗口支持直接的代码运行. 该软件还包括各种绘图、运行历史、调试和工作区管理的工具.

我们为想要提高 R 技能的读者推荐的参考书为 Grolemund (2014), 该书通过实际案例对 R 进行了浅显易懂的介绍. 对于已经熟悉 R 的读者, Wickham 和 Grolemund (2016) 一书更为合适, 该书可教会我们如何用 R 做数据科学, 而 Wickham (2019) 一书是为想提高编程技能和理解 R 语言的 R 用户设计的. 学习如何用 R 语言处理、分析和可视化空间和时空数据的优秀资源有 Bivand 等 (2013)、Lovelace 等 (2019) 和网站`https://www.r-spatial.org`.

我们还建议读者进一步了解线性模型、广义线性模型、高斯、泊松和二项式概率分布以及贝叶斯推断等理论. Wang 等 (2018) 一书涵盖了各种贝叶斯回归模型以及使用 INLA 拟合这些模型的详细例子. 专注于空间和时空建模的具体资源包括 Blangiardo 和 Cameletti (2015), 该书提供了贝叶斯方法的介绍, 并给出了基于实际数据的真实案例. Krainski 等 (2019) 详细描述了 SPDE 方法, 并介绍了可以处理各种问题的模型, 包括多变量数据、测量误差、非平稳性和点过程模型. 学习 INLA 和 SPDE 的进一步资源可以在网站`http://www.r-inla.org/`中找到.

本书介绍了几个 R 软件包, 可以用来轻松地将我们的分析变成视觉信息丰富的交互式报告 (Allaire 等, 2019)、仪表盘 (Iannone 等, 2018) 和 Shiny 网络应用程序 (Chang 等, 2019). 这些工具促进了与合作者的沟通, 让相关人员了解我们的研究并做出明智的决定. 进一步学习这些软件包的专业知识的相关学习资源可以在 RStudio 网站`https://www.rstudio.com/`上找到, 其中包含一些优秀的教程、文章和关于高级概念的例子, 以及网络产品托管和部署的信息.

为什么要读此书?

地理参考空间健康数据可以给高、中、低收入国家的公共卫生和政策提供至关重要的信息. 这些数据可用于了解疾病的负担和地理模式, 并有助于建立将疾病风险与潜在的人口和环境因素联系起来的假设.

本书展示了如何在疾病数据上应用最先进的统计空间和时空方法来制作疾病风险图和量化风险因素. 具体来说, 本书将介绍如何建立贝叶斯层次模型, 并应用 INLA 和 SPDE 等计算方法来分析在一些地区 (如县或省) 由疾病登记处、国家和地区统计局等收集的数据. 这些方法可用于量化由疾病产生的负担、理解地理和时间模式、确定风险因素, 衡量不平等现象等.

本书还提供了设计和开发基于网页的应用程序所需的工具, 如包含交互式可视化的疾病图谱, 使得政策制定者、研究人员、卫生专业人员和普通公众更容易获得疾病风险评估的结果. 这些工具可以通过地图、时间图、表格和其他可视化的方式, 以交互式和更为便捷的途径探索大量的数据, 支持在不同区域和时间段进行交互式过滤和缩放, 以显示感兴趣的信息. 这些工具有助于确定特定区域的信息、比较不同人群的风险以及了解疾病模式如何随时间变化.

本书介绍的统计方法和可视化技术对于分析包括传染病、非传染性疾病、伤害以及与健康有关的行为在内的各种情况很有价值, 并为政策制定者提供可操作的信息, 以制定和实施适当的人口健康政策.

本书的结构

本书由三部分和一个附录组成. 第一部分概述了地理参考空间健康数据和 **R-INLA** 软件包 (Rue 等, 2018). 这一部分的目的是为地理参考空间数据和计算方法提供一些基础, 有助于读者阅读后续章节. 第 1 章概述了地理参考空间健康数据, 并讨论了相关分析方法和交流结果的工具. 第 2 章回顾了空间数据的基本特征, 包括区域、地理统计和点模式, 并介绍了坐标参考系统和地理参考数据存储. 这一章还展示了在 R 中创建地图的常用的 R 软件包. 第 3 章介绍了贝叶斯推断和对潜在高斯模型进行近似贝叶斯推断的 INLA 方法. 第一部分的最后一章, 第 4 章, 提供了 **R-INLA** 包的概述并详细介绍了如何使用 **R-INLA** 来设定和拟合模型以及如何解释结果.

本书的第二部分专门讨论了区域和地理参考数据的建模和可视化. 在公共卫生监测中, 按行政区划等区域汇总的卫生数据很常见. 例如各省的疾病病例数或各省的交通事故数. 第 5 章介绍了分析这类数据的方法, 包括空间权重矩阵和标准化发病率 (SIR), 并讨论了常见的区域问题, 如错位数据问题 (MIDP) 和可修改区域单位问题 (MAUP). 本章还介绍了贝叶斯层次模型, 以获得空间和时空背景下的小区域疾病风险估计. 第 6 章提供了一个例子, 说明如何使用 INLA 来获得苏格兰各县的癌症风险估计值以及量化风险因素. 第 7 章展示了如何使用时空模型获得俄亥俄州各县几年内的癌症风险估计值.

地理统计数据是指在特定地点收集的关于空间上某一连续现象的数据. 例如, 在特定村庄通过调查收集的疾病流行率观测数据, 以及在几个监测站测量的空气污染水平的数据. 第 8 章展示了如何建立空间和时空模型, 使其能够使用 SPDE 方法对未抽样的地点和时间进行预测. 第 9 章介绍了一个使用调查数据和高分辨率环境的协变量预测冈比亚疟疾发病率的例子. 第 10 章展示了如何对在西班牙几个监测站获得的不同年份的空气污染测量数据进行建模, 以生成代表空气污染随时间变化的连续地图. 这些章节中的例子提供了数据导入、操作和建模所需的 R 代码, 并展示了如何使用 R 软件包 **ggplot2** (Wickham 等, 2019a)、**gganimate** (Pedersen 和 Robinson, 2019)、**plotly** (Sievert 等, 2019)、**leaflet** (Cheng 等, 2018)、**mapview** (Appelhans 等, 2019) 和 **tmap** (Tennekes, 2019) 创建静态和交互式可视化, 如疾病风险和风险因子的地图和时间图.

地理空间研究的一个关键方面是确定如何以适当、及时和可操作的方式分享我们的分析结果. 本书第三部分介绍了几个 R 软件包, 便于与合作者和利益相关者交流. 在第 11 章, 我们介绍了 R Markdown 软件包 (Allaire 等, 2019). 这个包可以轻松创建高质量的完全可重复的报告, 包括叙述性文本、表格和可视化, 以及生成这些报告的 R 代码. 虽然用 R Markdown 生成的文件可以很容易地用于重现结果, 并帮助其他研究人员确定它们是如何得出的, 但它们可能并不是向利益相关者汇报的最佳工具. 利益相关者可能对统计分析方法或过程本身不感兴趣, 但他们需要充分了解结果以支持决策. 仪表盘可以帮助我们直观、快速地传达大量的信息, 支持数据驱动的决策. 在第 12 章中, 我们介绍了 R 软件包 **flexdashboard** (Iannone 等, 2018), 它可以用来创建仪表盘, 该仪表盘可以用 HTML 格式在一个屏幕上显示最重要的信息.

交互式网络应用程序也是一个重要的工具, 它能够以一种友好的、可操作的方式传达信息. 在第 13 章中, 我们介绍了软件包 **shiny** (Chang 等, 2019), 它提供了一个将结果转化为网络应用程序的框架, 允许用户尝试不同的数据场景, 以便他们能够回答自己的问题. 例如, 他们可以对数据进行过滤以获得特定的数据概要, 或者改变几个选项以获得不同的可视化结果. 在第 14 章中, 我们展示了如何用 Shiny 创建交互式仪表盘, 第 15 章描述了如何构建一个允许上传和可视化时空数据的 Shiny 应用. 第 16 章介绍了 **SpatialEpiApp** (Moraga, 2017a), 这是一个 Shiny 网络应用程序, 允许用户对空间和时空疾病数据进行可视化, 估计疾病风险和检测集群. 最后, 附录 A 包含了有关 R 的资源及本书中使用的 R 软件包.

致谢

R 是一种分析地理参考空间健康数据的优秀工具. 我想感谢 R 社区和开放源码软件的开发者和贡献者们, 他们使可重复的数据分析成为可能. 我尤其要感谢空间软件包的开发者, 以及 INLA 和 SPDE 的作者, 感谢他们为空间和时空建模提供的优秀资源. 我也要感谢地图、交互式可视化软件包的开发者, 以及 Shiny 网络应用程序的创建者, 他们改变了见解的交流方式.

本书是用 R Markdown (Allaire 等, 2019) 与 **bookdown** (Xie, 2019a) 编写的. 我很感谢这些软件包的开发者, 他们使本书的创作变得非常容易.

我还想对匿名审稿人表示衷心的感谢, 他们提出的实用意见大大改进了本书的初稿. 我也感谢编辑 John Kimmel 和 CRC 出版社的团队, 感谢他们在整个出版过程中的建议和指导.

最后, 我要感谢 Peter J. Diggle, Francisco Montes, Al Ozonoff, Martin Kulldorff 以及我所有的合作者和同事, 感谢他们的指导和支持, 感谢有机会与他们一起解决重大的问题, 推进空间数据科学和公共卫生监测.

Paula Moraga
巴斯, 英国
2019 年 10 月

作者介绍

Paula Moraga 是英国巴斯大学数学科学系的一名讲师. 此前, 她曾在兰卡斯特大学、昆士兰科技大学、伦敦卫生与热带医学学院和哈佛大学公共卫生学院担任学术职务.

Moraga 博士在统计研究领域工作了十多年, 主要专注于空间流行病学及其建模. 她开发了疾病监测方面的创新性的统计方法及开源软件, 她的工作直接为几个国家减少与疾病相关负担的战略政策提供了参考. 参与的项目包括开发建模架构, 以了解非洲的疟疾、巴西的钩端螺旋体病和澳大利亚的癌症的时空模式及确定干预目标. Moraga 博士致力于开发一些用于疾病建模、聚类检测和与旅行有关的疾病传播的 R 软件包, 她是 **SpatialEpiApp** 的作者, 这是一个用于分析空间和时空疾病数据的 Shiny 网络应用程序.

Moraga 博士曾在英国、澳大利亚和埃塞俄比亚的大学教授本科生和研究生水平的生物统计学和空间统计学课程, 并应邀在国际研讨会上教授关于疾病绘图和 R 的培训课程. 她还创建了影响大规模学习的在线教育材料, 并在统计方法论、软件以及健康和环境应用方面发表了大量的文章.

Moraga 博士在西班牙瓦伦西亚大学获得数学学士学位和统计学博士学位, 并在美国哈佛大学获得生物统计学硕士学位.

目录

第一部分 地理空间健康数据和 INLA

第二部分 建模与可视化

第三部分   结果的交流

第一部分 *Part 1*

地理空间健康数据和 INLA

第 1 章

地理空间健康

1.1 地理空间健康数据

健康数据提供了识别公共卫生问题的信息, 以便在问题发生时做出适当的反应. 这些信息对于预防和控制各种健康状况, 如传染病、非传染性疾病、伤害和与健康有关的行为至关重要. 健康数据的分析和解释过程包括各种各样的系统设计、分析方法、呈现方式和使用说明 (Lee 等, 2010). 一般来说, 描述性方法是监测数据常规报告的基础. 这些方法侧重于数据中观察到的模式, 并尝试比较不同子群体中健康结果的相对发生率. 更专业的假设是用推断方法来探索的. 这些方法的目的是对健康的模式或结果给出统计结论.

地理参考健康信息、人口数据、影响疾病活动水平的环境因素的卫星图像的增加, 以及地理信息系统 (GIS) 和地址地理编码软件的发展, 促进了对疾病的空间和时空变化的研究. John Snow 对 1854 年伦敦霍乱爆发的调查提供了一个著名的空间分析的案例. Snow 用一张地图来说明霍乱的死亡似乎是集中在一个公共水泵周围. 评估霍乱病例的空间模式对于确定感染源非常重要, 同时为霍乱通过饮用水传播的理论提供了支持 (Snow, 1857).

疾病监测的空间和时空方法广泛, 包括疾病制图、聚类和地理相关性研究, 其中许多方法可用于突出高风险地区 (Moraga 和 Lawson, 2012), 确定风险因素 (Hagan 等, 2016), 评估时间趋势的空间变化 (Moraga 和 Kulldorff, 2016), 量化接近假定来源的超额疾病风险 (Wakefield 和 Morris, 2001), 以及爆发的早期检测 (Moraga 等, 2019; Polonsky 等, 2019).

1.2 疾病制图

绘制疾病风险地图在公共卫生监测中有着悠久的历史. 疾病地图提供了空间信息的快速可视化, 并识别可能在表格中被忽略的模式 (Elliott 和 Wartenberg, 2004). 这种地图对于描述疾病的空间和时间变化、确定异常高风险的地区、形成病因学假设、衡量不平等现象以及推进合理的资源分配至关重要.

疾病风险估计需要基于观察到的疾病病例信息、风险个体的数量, 也可能用到协变量信息, 如人口学和环境因素. 贝叶斯层次模型被用来描述响应变量的变异性, 此响应变量是风险因素协变量和无法解释的变异的随机效应的函数. 贝叶斯建模提供了一种灵活和稳健的方法, 允许考虑解释变量的影响、容纳空间和时空的相关性, 并提供了风险估计中不确定性的表示 (Moraga, 2018). 贝叶斯推断可以通过马尔可夫链蒙特卡罗 (MCMC) 方法或积分嵌套拉普拉斯近似 (INLA) 来实现, INLA 是一种为潜在高斯模型设计的, 在计算上可有效替代 MCMC 的方法 (Lindgren 和 Rue, 2015).

出于保护病人隐私等原因, 健康数据通常是经过研究区域的子区域 (如县或省) 的点数据 (point data) 汇总而获得的. 一般, 使用疾病风险模型的目的是在提供数据的相同区域内获得其具有较低方差的疾病风险的估计. 这种方法的一个局限性是所获得的疾病风险图无法显示风险所在地区内的变化, 这就很难有针对性地进行健康干预, 将资源导向最需要的地方. 一个更好的方法是使用点数据建立模型, 利用附近数据点之间的相关性, 以及高分辨率的空间协变量, 以得到连续区域上的疾病风险估计 (Diggle 等, 2013; Moraga 等, 2017). 用这种类型的模型得到的地图提供了高分辨率的空间估计值, 可以用来更精确地实施公共卫生项目, 使其产生最大的影响.

1.3   结果的交流

值得注意的是, 健康监测的目标不仅仅是收集数据进行分析, 而是指导公共卫生政策和行动以控制和预防疾病. 因此, 监测实务的一个关键环节是向负责预防和疾病控制的人正确及时地传播信息. 根据不同的情况, 这些人应该包括卫生机构、政府、私人组织、潜在的暴露者, 以及无数的其他人.

R 软件提供了一些优秀的工具, 极大地促进了与合作者、决策者和公众的有效沟通, 这些工具应该被持续和更加人性化地使用, 以快速响应人口的健康需求. R 提供了一些可视化软件包, 如用于制作交互式地图的 **leaflet** (Cheng 等, 2018)、用于绘制时间序列的 **dygraphs** (Vanderkam 等, 2018) 和用于显示数据表的 **DT** (Xie 等, 2019). 此外, 研究结果可以很容易地包含在用 R Markdown (Allaire 等, 2019) 生成的可重复报告, 用 **flexdashboard** (Iannone 等, 2018) 生成的交互式仪表盘, 以及用 Shiny (Chang 等, 2019) 构建的交互式网络应用程序中. 这些工具提供了决策所依赖的重要信息, 对它们的仔细解读使公共卫生官员能够有效地分配资源, 并针对目标人群开展教育或提供预防计划.

第 2 章

空间数据和用于制图的 R 软件包

在这一章中, 我们描述包括区域数据、地理统计数据和点模式在内的空间数据的基本特征, 并提供一些例子. 然后, 我们介绍用于表示空间数据的地理和投影坐标参考系统 (CRS), 并展示如何使用 R 来设置 CRS 以及将数据转换为不同的投影. 之后, 我们介绍用于存储地理参考空间数据的 "shapefile" 数据存储格式. 最后, 我们介绍几个例子, 展示用于创建静态和交互式地图的 R 软件包, 包括 **ggplot2** (Wickham 等, 2019a)、**leaflet** (Cheng 等, 2018)、**mapview** (Appelhans 等, 2019) 和 **tmap** (Tennekes, 2019). 这些 R 软件包可以用于定义调色板、创建图例、使用背景地图、绘制不同的几何图形, 以及将地图保存为 HTML 文件或静态图像.

2.1 空间数据的类型

一个 $d\,(=2)$ 维空间过程表示为

$$\{Z(\boldsymbol{s}) : \boldsymbol{s} \in D \subset \mathbb{R}^d\},$$

在这里, Z 表示我们观察的属性, 例如, 婴儿猝死的数量或降雨量, $\boldsymbol{s}$ 指的是观察的位置. Cressie (1993) 通过定义域 D 的特征给出了三种基本的空间数据类型, 即区域数据、地理统计数据和点模式.

2.1.1 区域数据

在区域 (或网格) 数据中, 定义域 D 是固定的 (形状可为规则或不规则的), 它可划分为有限个具有明确边界的区域单元. 区域数据的例子包括通过邮政编码、人口普查区收集的属性, 或按像素记录的遥感数据.

图2.1是一个区域数据的例子, 它描述了 1974 年美国北卡罗来纳州各县的婴儿猝死人数 (Pebesma, 2019). 此处关心的地区 (北卡罗来纳州) 被划分为有限个子地区 (县), 这些地区的结果被汇总起来. 使用关于人口和其他协变量的数据, 我们可以获得每个县的死亡风险估计值. 还有两个区域数据的例子, Moraga 和 Lawson (2012) 用贝叶斯层次模型估计了 2000 年美国佐治亚州低出生体重的相对风险, Moraga 和 Kulldorff (2016) 评估了时间趋势的空间变化, 以检测 1969 年至 1995 年期间美国白人妇女中不寻常的宫颈癌趋势.

```
library(sf)
library(ggplot2)
library(viridis)
nc <- st_read(system.file("shape/nc.shp", package = "sf"),
  quiet = TRUE
)
ggplot(data = nc, aes(fill = SID74)) + geom_sf() +
  scale_fill_viridis() + theme_bw()
```

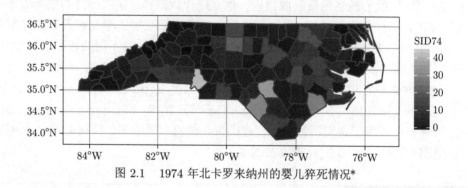

图 2.1　1974 年北卡罗来纳州的婴儿猝死情况*

2.1.2　地理统计数据

在地理统计数据中, 定义域 D 是一个固定的连续集. 我们所说的连续是指 s 在 D 上连续变化, 因此 $Z(s)$ 可以在 D 的任何一点观察到. 我们所说的固定, 是指在 D 中的点是非随机的. 需要注意的是, 连续性仅对定义域而言, 而属性 Z 可以是连续的也可以是离散的. 例如在几个监测站测量的空气污染值或降雨量数据.

图 2.2 展示了在巴西 Paraná 州的 143 个记录站收集的不同年份的 5—6 月 (旱季) 的平均降雨量 (Ribeiro Jr 和 Diggle, 2018). 这些数据代表了在特定站点获得的降雨量测量值, 基于模型的地理统计学知识我们可以预测未取样点的降雨量. Moraga 等 (2015) 给出了另一个地理统计学数据的例子. 在该研究中淋巴丝虫病的患病率值是通过调查非洲撒哈拉以南的几个村庄获得的. 作者使用地理统计模型预测了未观察到的地点的疾病风险, 并构建一个空间连续的风险面.

```
library(geoR)
ggplot(data.frame(cbind(parana$coords, Rainfall = parana$data)))+
  geom_point(aes(east, north, color = Rainfall), size = 2) +
  coord_fixed(ratio = 1) +
  scale_color_gradient(low = "blue", high = "orange") +
  geom_path(data = data.frame(parana$border), aes(east, north)) +
```

---

* 本书插图系原文插图, 由代码生成. 书中彩图请扫描封底二维码查看.

```
labs(x = " 东经", y = " 北纬", color = " 降雨量")+
theme_bw()
```

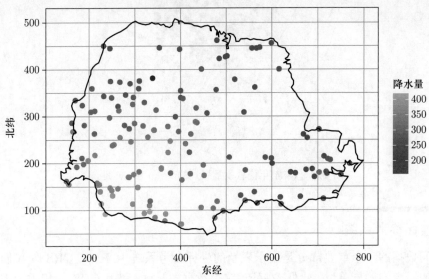

图 2.2　巴西 Paraná 州 143 个记录站测量的平均降雨量

2.1.3 点模式

　　与地理统计学和网格数据不同, 点模式中的定义域 D 是随机的. 它的索引集给出了作为空间点模式的随机事件的位置. $Z(s)$ 可能等于 1, $\forall s \in D$, 表示事件的发生, 或者是随机数, 给出一些附加信息. 点模式的一个例子是居住在一个城市的患有某种疾病的个体的地理坐标.

　　1854 年伦敦霍乱爆发的死亡地点代表了一个点模式 (Li, 2019)(见图2.3). 我们可以用点过程来分析这个数据, 以了解死亡的空间分布, 并评估在 Broad 街靠近水泵的地方是否存在较高的风险. Moraga 和 Montes (2011) 给出了另一个点模式的例子, 他们根据空间相关函数的局部指标, 提出了一种利用点过程数据检测空间聚类的方法, 并将其应用于检测西班牙瓦伦西亚市的肾脏疾病的聚类分析上.

```
library(cholera)
rng <- mapRange()
plot(fatalities[, c("x", "y")],
  pch = 15, col = "black",
  cex = 0.5, xlim = rng$x, ylim = rng$y, asp = 1,
  frame.plot = FALSE, axes = FALSE, xlab = "", ylab = ""
)
addRoads()
```

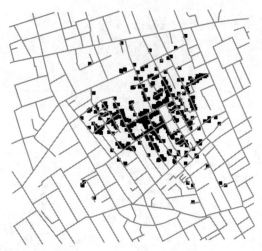

图 2.3   1854 年伦敦霍乱爆发的 John Snow 地图

2.2   坐标参考系统

空间数据的一个重要部分是用于表示的坐标参考系统 (CRS) . CRS 使我们能够知道坐标的原点和测量单位. 此外, 在处理多个数据的时候, 利用 CRS 的相关知识可以将所有数据转换为一个共同的 CRS. 地球上的位置可以使用地理 (也称为非投影) 或投影坐标参考系统标注 (见图2.4):

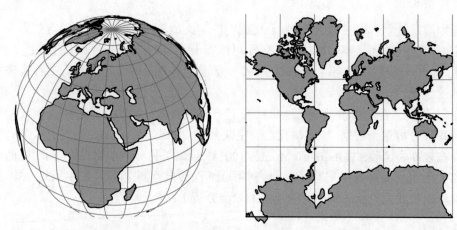

图 2.4   地球的三维表面 (左) 和地球的二维表示 (右)

1. 非投影或地理参考系统使用经度和纬度来确定地球在三维椭球面上的位置.
2. 投影坐标参考系统使用东经和北纬的直角坐标来确定地球在二维平面上的位置.

2.2.1   地理坐标系统

地理坐标系统使用纬度和经度值来指定地球三维表面的位置. 纬度和经度是以十进制 (DD) 计算或以度、分、秒 (DMS) 为单位计算的角度. 赤道是一个想象中的圆, 与地球的两极等距离, 将地球分为南、北半球. 与赤道平行的水平线 (贯穿东西) 是等纬线或纬圈. 从北极到南极的垂直线是等经线或子午线. 本初子午线穿过位于英国格林尼治的英国皇家天文台, 决定了东半球和西半球的位置 (见图2.5).

　　地球表面一个点的纬度是赤道平面与通过该点与地球中心的直线之间的角度, 纬度值是相对于赤道 (0 度) 测量的, 范围从南极的 −90 度到北极的 90 度. 地球表面某一点的经度是指本初子午线与向西或向东经过该点的另一条子午线之间的角度. 经度值的范围是: 本初子午线向西最大为 −180 度, 向东最大为 180 度.

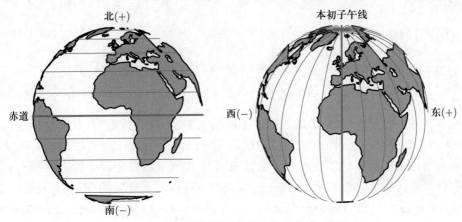

图 2.5　地球的平行线 (左) 和子午线 (右)

2.2.2　投影坐标系统

　　地图投影是将地球的三维表面转换为一个二维平面. 所有的地图投影都以某种方式扭曲地球表面, 不能同时保持所有的面积、方向、形状和距离属性不变.

　　通用横轴墨卡托 (UTM) 是一种常见的投影方式, 可以保持局部角度和形状的准确性. UTM 系统将地球划分为 60 个经度为 6 度的区域. 每个区域都使用横轴墨卡托投影, 可以绘制出大范围的南北区域.

　　地球上的每一个位置都由 UTM 区号、半球 (北或南) 以及该区的以米为单位的东经和北纬坐标给出. 东经是以每个区的中央子午线为基准, 北纬是以赤道为基准. 每个区的中央子午线的东经被定义为 500000 米. 这是一个任意的值, 便于避免负的东经坐标. 在北半球, 赤道上的北纬被定义为 0 米. 在南半球, 赤道的方位值为 10000000 米, 这就避免了南半球的负方位坐标. 关于这种投影的进一步细节可以在维基百科上查阅.

2.2.3　在 R 中设置坐标参考系

　　地球的形状可以用一个扁椭球形的模型来近似, 它在赤道上凸出, 在两极扁平. 目前可参考的椭球体有所不同, 最常见的是全球定位系统 (GPS) 所使用的世界大地测量系统 (WGS84). 基准为特定的椭球体, 并定义了椭球体相对于地球中心的位置. 因此, 虽然椭圆体近似于地球的形状, 但基准面提供了原点并定义了坐标轴的方向.

CRS 指定了坐标与地球上的位置的关系. 在 R 语言中, CRS 是用 proj4 字符串指定的, 这些字符串指定了投影、椭球体和基准点等属性. 例如, WGS84 经度/纬度投影被指定为:

```
"+proj=longlat +ellps=WGS84 +datum=WGS84 +no_defs"
```

UTM 29 区的 proj4 字符串为

```
"+proj=utm +zone=29 +ellps=WGS84 +datum=WGS84 +units=m +no_defs"
```

而南方的 UTM 29 区被定义为

```
"+proj=utm +zone=29 +ellps=WGS84 +datum=WGS84 +units=m +no_defs
+south"
```

大多数常见的 CRS 也可以通过提供 EPSG (欧洲石油调查组织) 代码来指定, 例如, WGS84 投影的 EPSG 代码是 4326. 通过输入 View(rgdal::make_EPSG()) 可以看到 R 中所有可用的 CRS, 这将返回一个包含 EPSG 编码、注释和每个投影的 proj4 属性的数据框. 通过输入 CRS("+init=epsg:4326") 可以看到特定的 EPSG 代码的细节, 例如 4326, 它返回 +init=epsg:4326+proj=longlat+ellps=WGS84+datum=WGS84+no_defs+towgs84=0,0,0. 我们可以在http://www.spatialreference.org上找到其他常用投影的代码.

当数据不包含有关 CRS 的信息时, 设置一个投影是必要的. 这可以通过将 CRS (projection) 分配给数据来实现, 其中 projection 是投影参数的字符串.

```
proj4string(d) <- CRS(projection)
```

此外, 我们可能希望将数据 d 转换为具有不同投影的数据. 为此, 我们可以使用 **rgdal** 软件包 (Bivand 等, 2019) 的 spTransform() 函数或 **sf** 软件包 (Pebesma, 2019) 的 st_transform() 函数. 下面给出一个例子, 说明如何创建一个由经度/纬度给出坐标的空间数据集, 并使用 **rgdal** 将其转换为南半球 UTM 35 区坐标的数据集.

```
library(rgdal)

# 用经度和纬度给出的坐标创建数据
d <- data.frame(long = rnorm(100, 0, 1), lat = rnorm(100, 0, 1))
coordinates(d) <- c("long", "lat")

# 指定 CRS WGS84 经度/纬度
proj4string(d) <- CRS("+proj=longlat +ellps=WGS84
                      +datum=WGS84 +no_defs")
```

```
# 将数据从经度/纬度重新投影到南半球 UTM 35 区
d_new <- spTransform(d, CRS("+proj=utm +zone=35 +ellps=WGS84
                        +datum=WGS84 +units=m +no_defs +south"))

# 添加列 UTMx 和 UTMy
d_new$UTMx <- coordinates(d_new)[, 1]
d_new$UTMy <- coordinates(d_new)[, 2]
```

2.3 shapefiles

地理数据可以用一种叫做 "shapefile" 的数据存储格式来表示, 它可以存储像点、线和多边形等地理特征的位置、形状和属性. 一个 shapefile 不是一个单独的文件, 而是由一系列相关的文件组成, 这些文件有不同的扩展名及一个共同的主名字, 并存储在同一个目录中. 一个 shapefile 必须含扩展名为 .shp, .shx 和 .dbf 的三个文件:

- .shp: 包含几何数据,
- .shx: 是一个几何数据的位置索引, 可以向前和向后搜索 .shp 文件,
- .dbf: 保存每个形状的属性.

组成 "shapefile" 的其他文件有:

- .prj: 描述投影的纯文本文件,
- .sbn 和 .sbx: 几何数据的空间索引,
- .shp.xml: XML 格式的地理空间元数据.

因此, 在使用 "shapefile" 时, 仅仅获得包含几何数据的 .shp 文件是不够的, 还需要所有其他支持文件.

在 R 语言中, 我们可以使用 **rgdal** 软件包的 readOGR() 函数, 或者 **sf** 软件包的 st_read() 函数来读取 "shapefile". 例如, 我们可以用 readOGR() 读取存储在 **sf** 软件包中的北卡罗来纳州的 "shapefile", 具体如下:

```
# sf 软件包中北卡罗来纳州的 shapefile 的名称
nameshp <- system.file("shape/nc.shp", package = "sf")
```

```
# 用 readOGR() 读取 shapefile
library(rgdal)
map <- readOGR(nameshp, verbose = FALSE)

class(map)
```

```
[1] "SpatialPolygonsDataFrame"
attr(,"package")
[1] "sp"
```

```
head(map@data)
```

```
   AREA PERIMETER CNTY_ CNTY_ID         NAME  FIPS
0 0.114     1.442  1825    1825         Ashe 37009
1 0.061     1.231  1827    1827    Alleghany 37005
2 0.143     1.630  1828    1828        Surry 37171
3 0.070     2.968  1831    1831    Currituck 37053
4 0.153     2.206  1832    1832  Northampton 37131
5 0.097     1.670  1833    1833     Hertford 37091
   FIPSNO CRESS_ID BIR74 SID74 NWBIR74 BIR79 SID79
0  37009        5  1091     1      10  1364     0
1  37005        3   487     0      10   542     3
2  37171       86  3188     5     208  3616     6
3  37053       27   508     1     123   830     2
4  37131       66  1421     9    1066  1606     3
5  37091       46  1452     7     954  1838     5
   NWBIR79
0       19
1       12
2      260
3      145
4     1197
5     1237
```

用 **rgdal** 软件包导入的北卡罗来纳州的地图可按如下方式产生 (见图2.6):

```
plot(map)
```

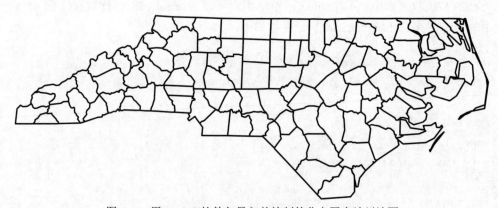

图 2.6   用 **rgdal** 软件包导入并绘制的北卡罗来纳州地图

我们也可以用 st_read() 按如下方式读取地图:

```
# 用 st_read() 读取 shapefile
library(sf)
map <- st_read(nameshp, quiet = TRUE)

class(map)
```

```
[1] "sf"            "data.frame"
```

```
head(map)
```

```
Simple feature collection with 6 features and 14 fields
geometry type:  MULTIPOLYGON
dimension:      XY
bbox:           xmin: -81.74 ymin: 36.07 xmax: -75.77 ymax: 36.59
epsg (SRID):    4267
proj4string:    +proj=longlat +datum=NAD27 +no_defs
   AREA PERIMETER CNTY_ CNTY_ID        NAME  FIPS
1 0.114     1.442  1825    1825        Ashe 37009
2 0.061     1.231  1827    1827   Alleghany 37005
3 0.143     1.630  1828    1828       Surry 37171
4 0.070     2.968  1831    1831    Currituck 37053
5 0.153     2.206  1832    1832 Northampton 37131
6 0.097     1.670  1833    1833    Hertford 37091
  FIPSNO CRESS_ID BIR74 SID74 NWBIR74 BIR79 SID79
1  37009        5  1091     1      10  1364     0
2  37005        3   487     0      10   542     3
3  37171       86  3188     5     208  3616     6
4  37053       27   508     1     123   830     2
5  37131       66  1421     9    1066  1606     3
6  37091       46  1452     7     954  1838     5
  NWBIR79                       geometry
1      19 MULTIPOLYGON (((-81.47 36.2...
2      12 MULTIPOLYGON (((-81.24 36.3...
3     260 MULTIPOLYGON (((-80.46 36.2...
4     145 MULTIPOLYGON (((-76.01 36.3...
5    1197 MULTIPOLYGON (((-77.22 36.2...
6    1237 MULTIPOLYGON (((-76.75 36.2...
```

用 **sf** 软件包导入的北卡罗来纳州的地图可按如下方式产生 (见图2.7):

```
plot(map)
```

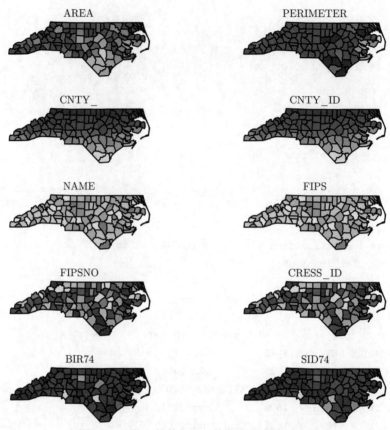

图 2.7   用 **sf** 软件包导入的北卡罗来纳州地图

2.4   使用 R 制作地图

地图在传达地理空间信息方面非常有用, 此处我们介绍了一些简单的例子, 展示 R 语言中一些常用的制图软件包 **ggplot2**, **leaflet**, **mapview** 和 **tmap** 的使用. 在本书的其余部分, 我们将展示如何使用 **ggplot2** 和 **leaflet** 软件包创建更复杂的地图, 以可视化几个实际应用案例的结果.

2.4.1 ggplot2

ggplot2 (https://ggplot2.tidyverse.org/) 是一个基于图形语法来创建图形的软件包, 这意味着我们可以使用 `ggplot()` 函数和以下元素创建一个图:

1. 我们想要可视化的数据.
2. 表示数据的几何形状, 如点或条形. 形状是用 `geom_*()` 函数指定的. 例如, `geom_point()` 用于绘制点图, `geom_histogram()` 用于绘制直方图.
3. 几何对象的美学. `aes()` 用于将数据中的变量映射到物体的视觉属性上, 如颜色、大小、形状和位置.
4. 可选的元素, 如标尺、标题、标签、图例和主题.

我们可以通过使用 `geom_sf()` 函数并提供一个简单的特征 (sf) 对象来创建地图. 请注意, 如果可用的数据是类型为 `SpatialPolygonsDataFrame` 的空间对象, 我们可以用 **sf** 软件包的 `st_as_sf()` 函数轻松将其转换成类型为 **sf** 的简单特征对象. 例如, 我们可以按如下方式创建一个 1974 年北卡罗来纳州婴儿猝死 (SID74) 的地图 (图2.8):

```
library(ggplot2)
map <- st_as_sf(map)
ggplot(map) + geom_sf(aes(fill = SID74)) + theme_bw()
```

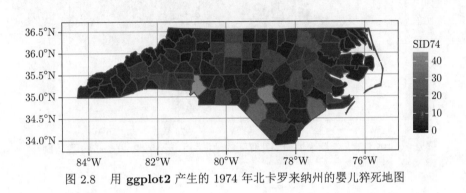

图 2.8　用 **ggplot2** 产生的 1974 年北卡罗来纳州的婴儿猝死地图

在 `ggplot()` 中, 离散变量的默认色阶 (color scale) 是 `scale_*_hue()`. 这里 `*` 表示 `color` (为点和线等特征着色) 或 `fill` (为多边形或直方图着色). 我们可以通过使用 `scale_*_grey()`(它使用灰色的颜色)、`scale_*_brewer()`(它使用 **RColorBrewer** 软件包 (Neuwirth, 2014) 的颜色) 以及 `scale_*_viridis(discrete = TRUE)` (它使用 **viridis** 软件包 (Garnier, 2018) 的颜色) 来改变默认色阶. 我们还可以用 `scale_*_manual()` 手动定义我们自己的颜色集, 请注意, 这个函数有一个逻辑型选项 `drop`, 以决定是否在色阶中保留未使用的因子水平. 对于连续变量的色阶, 可以用 `scale_*_gradient()` 来指定它在两种颜色之间创建一个连续的梯度 (低–高); 可以用 `scale_*_gradient2()` 来指定它产生一个发散的颜色梯度 (低–中–高); 用 `scale_*_gradientn()` 来指定它在 n 种颜色之间产生一个梯度. 我们还可以用 `scale_*_distiller()` 和 `scale_*_viridis()` 来分别使用软件包 **RColorBrewer** 和 **viridis** 的颜色. 我们可以按如下方式用 viridis 色阶绘制数据 `SID74` 的地图 (见图2.9):

```
library(viridis)
map <- st_as_sf(map)
ggplot(map) + geom_sf(aes(fill = SID74)) +
  scale_fill_viridis() + theme_bw()
```

要保存一个用 **ggplot2** 生成的图, 我们可以使用 `ggsave()` 函数. 另外, 我们也可以指定一个图形设备 (例如 `png`, `pdf`), 打印绘图, 然后用 `dev.off()` 关闭设备:

```
png("plot.png")
ggplot(map) + geom_sf(aes(fill = SID74)) +
  scale_fill_viridis() + theme_bw()
dev.off()
```

此外, 软件包 **gganimate** (Pedersen 和 Robinson, 2019) 和 **plotly** (Sievert 等, 2019) 可以与 **ggplot2** 结合使用, 分别创建动画图和交互图.

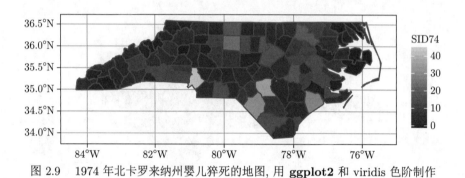

图 2.9   1974 年北卡罗来纳州婴儿猝死的地图, 用 **ggplot2** 和 viridis 色阶制作

2.4.2 leaflet

leaflet[1]是一个非常流行的用于交互式地图制作的开源 JavaScript 库, R 软件包 **leaflet**(https://rstudio.github.io/leaflet/) 使我们可以很容易地在 R 中集成和控制 leaflet 地图. 我们可以通过调用 `leaflet()` 函数, 用 **leaflet** 创建一个地图, 然后通过图层函数向地图添加图层. 例如, 我们使用 `addTiles()` 添加背景地图, 使用 `addPolygons()` 添加多边形, 通过 `addLegend()` 添加图例. 我们可以使用各种背景图, 在 leaflet 提供者的网站[2]上可以查看这些例子. 一个由 **RColorBrewer** 软件包的调色板给出的"YlOrRd" 色阶所绘制的 `SID74` 的地图可以按如下方式创建. 首先, 我们将 EPSG 编码 4267 给出的投影 `map` 转换为 EPSG 编码 4326 给出的投影, 这也是 **leaflet** 所要求的投影. 这可以通过 **sf** 的 `st_transform()` 函数来实现.

```
st_crs(map)
```

```
Coordinate Reference System:
  EPSG: 4267
  proj4string: "+proj=longlat +datum=NAD27 +no_defs"
```

```
map <- st_transform(map, 4326)
```

---

[1] https://leafletjs.com/

[2] http://leaflet-extras.github.io/leaflet-providers/preview/index.html

然后我们使用 colorNumeric() 创建一个调色板, 用函数 leaflet(), addTiles() 和 addPolygons() 绘制地图, 指定多边形的边界颜色 (color) 和多边形的颜色 (fillColor)、透明度 (fillOpacity) 和图例 (见图2.10).

```
library(leaflet)

pal <- colorNumeric("YlOrRd", domain = map$SID74)

leaflet(map) %>%
  addTiles() %>%
  addPolygons(
    color = "white", fillColor = ~ pal(SID74),
    fillOpacity = 1
  ) %>%
  addLegend(pal = pal, values = ~SID74, opacity = 1)
```

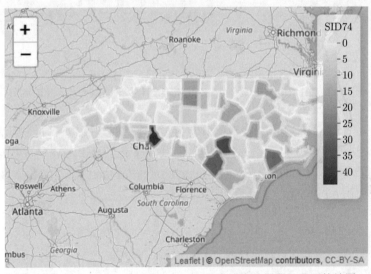

图 2.10　用 **leaflet** 创建的 1974 年北卡罗来纳州婴儿猝死的地图

要将地图保存到 HTML 文件中, 我们可以使用 **htmlwidgets** 软件包 (Vaidyanathan 等, 2018) 的 saveWidget() 函数. 如果我们希望保存地图的图像, 我们首先用 save-Widget() 把它保存为 HTML 文件, 然后用 **webshot** 软件包 (Chang, 2018) 的 webshot() 函数捕捉 HTML 的静态版本.

2.4.3 mapview

mapview 软件包 (https://r-spatial.github.io/mapview/) 允许快速创建交互式可视化, 以检查数据中的空间几何特征和变量. 例如, 我们可以创建一个显示 SID74 数据的地图, 只需使用 mapview() 函数, 参数为 map 对象和我们想要显示的

变量 (zcol = "SID74")(见图2.11). 这个地图是交互式的, 通过点击每个县, 我们可以看到弹出的数据中的其他变量的信息.

```
library(mapview)
mapview(map, zcol = "SID74")
```

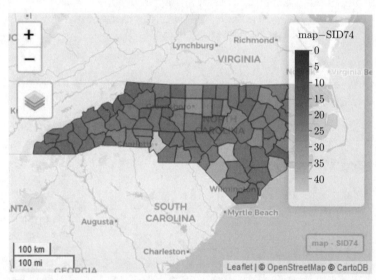

图 2.11   用 **mapview** 创建的 1974 年北卡罗来纳州婴儿猝死的地图

　　mapview 对于快速检查空间数据非常方便, 创建的地图也可以通过添加图例和背景图等元素来进行个性化定制. 此外, 我们可以创建显示多个图层的可视化, 并纳入同步化. 例如, 我们可以用黑色背景图"CartoDB.DarkMatter" 和 **RColorBrewer** 软件包的调色板"YlOrRd" 创建一个地图 (见图2.12), 创建方法如下:

```
library(RColorBrewer)
pal <- colorRampPalette(brewer.pal(9, "YlOrRd"))
mapview(map,
  zcol = "SID74",
  map.types = "CartoDB.DarkMatter",
  col.regions = pal
)
```

　　我们还可以使用 **leafsync** 软件包中的 sync() 函数生成一个网格状视图, 该视图包含多个用 **mapview** 或 **leaflet** 程序包创建的同步地图.

　　例如, 我们可以首先用 mapview() 创建变量 SID74 和 SID79 的地图, 然后将这些地图作为参数传递给 sync() 函数, 从而创建具有同步的缩放和平移功能的 1974 年和 1979 年的婴儿猝死地图 (见图2.13).

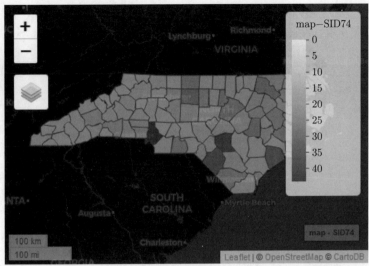

图 2.12　用 **mapview** 创建的 1974 年北卡罗来纳州婴儿猝死的地图, 其中图例用 **RColorBrewer** 调色板生成

```
m74 <- mapview(map, zcol = "SID74")
m79 <- mapview(map, zcol = "SID79")
m <- sync(m74, m79)
m
```

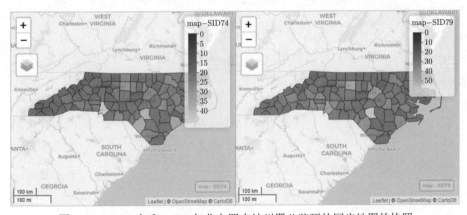

图 2.13　1974 年和 1979 年北卡罗来纳州婴儿猝死的同步地图的快照

我们可以将用 **mapview** 创建的地图与用 **leaflet** 创建的地图以同样的方式保存 (使用 `saveWidget()` 和 `webshot()`). 另外, 地图也可以用 `mapshot()` 函数保存为 HTML 文件或者 PNG、PDF 或 JPEG 图像.

2.4.4 tmap

tmap 软件包用来生成非常灵活的主题地图. 地图是通过 `tm_shape()` 函数创建的, 并使用 `tm_*()` 函数添加图层. 此外, 我们可以通过设置 `tmap_mode("plot")` 和 `tmap_` mode("view") 分别创建静态或交互式地图, 例如数据 SID74 的交互式地图 (见图2.14) 可以按如下方式创建:

```
library(tmap)
tmap_mode("view")
tm_shape(map) + tm_polygons("SID74")
```

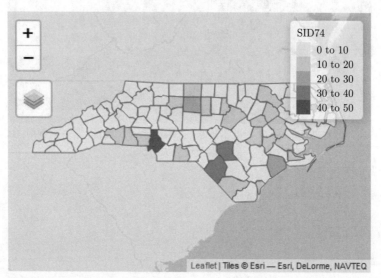

图 2.14　用 **tmap** 创建的 1974 年北卡罗来纳州婴儿猝死的交互式地图

这个软件包还允许创建具有多个形状和图层的可视化, 并指定不同的风格. 要保存用 **tmap** 创建的地图, 我们可以使用 tmap_save() 函数, 其中我们需要指定 HTML 文件 (view 模式) 或图像 (plot 模式) 的名字. 关于 **tmap** 的其他信息可以参见软件包的小册子[1].

第 3 章

贝叶斯推断与 INLA

3.1 贝叶斯推断

贝叶斯层次模型经常用于空间和时空数据的建模. 这些模型为空间和时间上的信息借用提供了高度的灵活性, 有助于改善基本模型特征的估计和预测. 在贝叶斯方法中, 需要在给定未知参数向量 $\boldsymbol{\theta}$ 下指定观测数据 $\boldsymbol{y} = (y_1, \ldots, y_n)$ 的概率分布 $\pi(\boldsymbol{y}|\boldsymbol{\theta})$ (称为似然函数). 然后, 赋予 $\boldsymbol{\theta}$ 一个先验分布 $\pi(\boldsymbol{\theta}|\boldsymbol{\eta})$, 其中 $\boldsymbol{\eta}$ 为超参数向量. $\boldsymbol{\theta}$ 的先验分布代表了在获得数据 $\boldsymbol{y}$ 之前的知识. 如果 $\boldsymbol{\eta}$ 未知, 完全的贝叶斯方法需要给 $\boldsymbol{\eta}$ 指定一个超先验分布. 另一方法是使用经验贝叶斯方法估计 $\boldsymbol{\eta}$, 并视 $\boldsymbol{\eta}$ 为已知. 假设 $\boldsymbol{\eta}$ 是已知的, 则关于 $\boldsymbol{\theta}$ 的推断是基于 $\boldsymbol{\theta}$ 的后验分布进行的. 根据贝叶斯定理, 后验分布定义为

$$\pi(\boldsymbol{\theta}|\boldsymbol{y}) = \frac{\pi(\boldsymbol{y}, \boldsymbol{\theta})}{\pi(\boldsymbol{y})} = \frac{\pi(\boldsymbol{y}|\boldsymbol{\theta})\pi(\boldsymbol{\theta})}{\int \pi(\boldsymbol{y}|\boldsymbol{\theta})\pi(\boldsymbol{\theta})d\boldsymbol{\theta}}.$$

分母 $\pi(\boldsymbol{y}) = \int \pi(\boldsymbol{y}|\boldsymbol{\theta})\pi(\boldsymbol{\theta})d\boldsymbol{\theta}$ 定义了数据 $\boldsymbol{y}$ 的边际似然. 它与 $\boldsymbol{\theta}$ 无关, 也可以设定为一个比例常数, 这样做不会影响后验分布的形状. 因此后验分布经常表示为

$$\pi(\boldsymbol{\theta}|\boldsymbol{y}) \propto \pi(\boldsymbol{y}|\boldsymbol{\theta})\pi(\boldsymbol{\theta}).$$

贝叶斯方法允许将先验信念纳入模型, 并提供了一种从数据中学习以更新先验信息的规范化的过程. 与频率方法相比, 贝叶斯方法提供了参数的可信区间以及与常识一致的假设的概率值. 此外, 贝叶斯方法可以处理经典方法难以拟合的复杂模型, 如重复测量、缺失数据和多变量数据.

贝叶斯方法应用的难点是后验分布 $\pi(\boldsymbol{\theta}|\boldsymbol{y})$ 的计算, 这通常涉及高维积分, 一般不能得到显式解. 因此, 即使似然和先验分布有显式表示, 后验分布也可能没有. 马尔可夫链蒙特卡罗 (MCMC) 方法是用来解决这个问题的传统方法. 方便用户使用的软件, 如 WinBUGS (Lunn 等, 2000)、JAGS (Plummer, 2019) 和 Stan (Stan Development Team, 2019), 促进了贝叶斯推断与 MCMC 在许多科学领域的应用. MCMC 方法的工作原理是, 从一个收敛的马尔可夫链中产生一个数值样本 $\{\boldsymbol{\theta}^{(g)}, \ g = 1, \ldots, G\}$, 其平稳分布是后验 $\pi(\boldsymbol{\theta}|\boldsymbol{y})$. 基于这些样本, 可以使用 $\boldsymbol{\theta}^{(g)}$ 的经验汇总来概括所感兴趣参数的后验分

布. 例如, 我们可以用样本均值估计后验均值

$$\widehat{E(\theta_i|\boldsymbol{y})} = \frac{1}{G} \sum_{i=1}^{G} \theta_i^{(g)},$$

用样本方差估计后验方差

$$\widehat{Var(\theta_i|\boldsymbol{y})} = \frac{1}{G-1} \sum_{i=1}^{G} (\theta_i^{(g)} - \widehat{E(\theta_i|\boldsymbol{y})})^2.$$

MCMC 方法需要使用诊断方法来决定采样链何时达到平稳分布, 也就是后验分布. 查看采样链是否收敛的一个简单方法是检查样本路径图, 即每次迭代时的参数值与迭代次数的关系图, 并查看采样链在参数空间内的混合或移动情况. 样本自相关图也很有用, 因为它们可以告知算法在探索整个后验分布时速度是否很慢并导致收敛失败. Geweke 诊断 (Geweke, 1992) 会摄采用链的前一部分和后一部分, 并比较这两部分的平均值, 考查这两部分是否来自同一分布. 通过运行初始值不同的少量的平行链来评估收敛性也很常见, 检查这些链的样本路径图是否从某个点之后所有的链值似乎都重叠了. 诊断方法也可以用来评估链内和链间的变化是否重合 (Gelman 和 Rubin, 1992).

MCMC 方法使复杂模型的贝叶斯推断成为可能, 对统计实践产生了巨大影响. 然而, 它们是对计算要求极高的抽样方法, 在收敛性方面存在着多种问题. 积分嵌套拉普拉斯近似 (INLA) 是一种计算量较小的 MCMC 替代方法, 旨在对潜在高斯模型 (Rue 等, 2009) 进行近似贝叶斯推断. 这些模型非常广泛和灵活, 包括了从广义线性混合模型到空间和时空模型. INLA 使用了一组稀疏矩阵的解析近似与数值算法, 给出后验分布近似的显式表示. 这使得推断更快, 避免了样本收敛和混合的诊断问题, 适用于拟合大型数据集和探索其他模型. 使用 INLA 的健康大数据应用的例子有：Shaddick 等 (2018) 给出了细颗粒物环境污染的全球估计值, Moraga 等 (2015) 预测了撒哈拉以南非洲的淋巴丝虫病流行率, Osgood-Zimmerman 等 (2018) 绘制了非洲儿童生长迟缓图. 得益于 R 软件包 **R-INLA** (Rue 等, 2018), INLA 可以很容易地得到应用. INLA 网站http://www.r-inla.org有关于 INLA 和 **R-INLA** 软件包的文档、例子和其他资源. 下面我们提供 INLA 的介绍, 第 4 章将介绍 **R-INLA** 软件包, 并给出一些如何使用它的例子.

3.2 积分嵌套拉普拉斯近似

积分嵌套拉普拉斯近似 (INLA) 允许对潜在高斯模型 (如广义线性混合模型和空间及时空模型) 进行近似的贝叶斯推断. 具体来说, 这些模型具有如下形式:

$$y_i|\boldsymbol{x}, \boldsymbol{\theta} \sim \pi(y_i|x_i, \boldsymbol{\theta}), \ i = 1, \dots, n,$$

$$\boldsymbol{x}|\boldsymbol{\theta} \sim N(\boldsymbol{\mu}(\boldsymbol{\theta}), \boldsymbol{Q}(\boldsymbol{\theta})^{-1}),$$

$$\boldsymbol{\theta} \sim \pi(\boldsymbol{\theta}),$$

其中 y 是观测数据, x 表示高斯场, θ 为超参数. $\mu(\theta)$ 和 $Q(\theta)$ 分别是潜在高斯场 x 的均值和精度矩阵 (即协方差矩阵的逆). 这里 y 和 x 可以是高维的. 然而, 为了加速推断, 超参数向量 θ 的维数应该较小, 因为近似值是通过对超参数空间的数值积分来计算的.

在许多情况下, 假定观测值 y_i 属于指数分布族, 均值为 $\mu_i = g^{-1}(\eta_i)$. 线性预测因子 η_i 以相加的方式解释各种协变量的影响

$$\eta_i = \alpha + \sum_{k=1}^{n_\beta} \beta_k z_{ki} + \sum_{j=1}^{n_f} f^{(j)}(u_{ji}),$$

此处 α 是截距, $\{\beta_k\}$ 的值反映了协变量 $\{z_{ki}\}$ 对响应变量的线性效应, $\{f^{(j)}(\cdot)\}$ 是一组用某些协变量 $\{u_{ji}\}$ 定义的随机效应. 由于函数 $f^{(j)}$ 可以采取非常不同的形式, 包括空间和时空模型, 这种表示适用于多种多样的模型.

INLA 使用解析近似和数值积分相结合的方法, 以获得参数的近似后验分布. 这些后验经后期处理后就可用于计算像后验期望值和分位数一样的令人感兴趣的估计量. 令 $x = (\alpha, \{\beta_k\}, \{f^{(j)}\})|\theta \sim N(\mu(\theta), Q(\theta)^{-1})$ 表示由潜在高斯变量构成的向量, 再令 θ 表示超参数向量, 它不一定是高斯的. INLA 可精确而又快速地计算出潜在正态变量分量的后验边际分布的近似

$$\pi(x_i|y), \ i = 1, \ldots, n,$$

以及潜在高斯模型超参数的后验边际分布

$$\pi(\theta_j|y), \ j = 1, \ldots, \dim(\theta).$$

潜在场 x 的每一个元素 x_i 的后验边际分布为

$$\pi(x_i|y) = \int \pi(x_i|\theta, y)\pi(\theta|y)d\theta,$$

超参数的后验边际分布可以写为

$$\pi(\theta_j|y) = \int \pi(\theta|y)d\theta_{-j}.$$

这种嵌套形式用于近似 $\pi(x_i|y)$, 这可通过满条件后验分布 $\pi(x_i|\theta, y)$ 与 $\pi(\theta|y)$ 的结合并对 θ 的数值积分来实现. 同样, $\pi(\theta_j|y)$ 是通过对 $\pi(\theta|y)$ 近似并对 θ_{-j} 积分来实现的. 具体来说, 超参数的后验密度是用潜在场的后验分布的高斯近似 $\tilde{\pi}_G(x|\theta, y)$, 在后验众数 $x^*(\theta) = \arg\max_x \pi_G(x|\theta, y)$ 处的值来近似的, 即

$$\tilde{\pi}(\theta|y) \propto \left. \frac{\pi(x, \theta, y)}{\tilde{\pi}_G(x|\theta, y)} \right|_{x=x^*(\theta)}.$$

然后, INLA 构建了以下嵌套的近似值

$$\tilde{\pi}(x_i|y) = \int \tilde{\pi}(x_i|\theta, y)\tilde{\pi}(\theta|y)d\theta, \ \tilde{\pi}(\theta_j|y) = \int \tilde{\pi}(\theta|y)d\theta_{-j}.$$

最后, 这些近似可以通过关于 $\boldsymbol{\theta}$ 的数值积分来实现

$$\tilde{\pi}(x_i|\boldsymbol{y}) = \sum_k \tilde{\pi}(x_i|\boldsymbol{\theta_k}, \boldsymbol{y})\tilde{\pi}(\boldsymbol{\theta_k}|\boldsymbol{y}) \times \Delta_k,$$

$$\tilde{\pi}(\theta_j|\boldsymbol{y}) = \sum_l \tilde{\pi}(\boldsymbol{\theta_l^*}|\boldsymbol{y}) \times \Delta_l^*,$$

其中 Δ_k (Δ_l^*) 表示与 $\boldsymbol{\theta_k}$ $(\boldsymbol{\theta_l^*})$ 相对应的面积权重.

　　选定 $\boldsymbol{\theta_k}$ 的一些点, 则 x_i 的后验边际分布的近似, 即 $\tilde{\pi}(x_i|\boldsymbol{\theta_k}, \boldsymbol{y})$, 可以用正态近似、拉普拉斯近似, 或者简化的拉普拉斯近似得到. 最简单和最快的解决方案是使用一个高斯近似值, 该近似值来自 $\tilde{\pi}_G(\boldsymbol{x}|\boldsymbol{\theta}, \boldsymbol{y})$. 然而, 有时候这种近似法会在分布位置估计上产生误差, 也不能捕捉到分布的偏性. 拉普拉斯近似法优于高斯近似法, 但它的成本较高. 简化的拉普拉斯近似 (这是 **R-INLA** 软件包中的默认选项) 成本较小, 并能令人满意地弥补高斯近似在分布位置和偏度估计上的不准确性.

第 4 章

R-INLA 软件包

积分嵌套拉普拉斯近似 (INLA) 方法可在 R 软件包 **R-INLA** (Rue 等, 2018) 中实现. INLA 网站 (`http://www.r-inla.org`) 上给出了下载该软件包的说明, 该网站还包括关于该包的文档、例子、讨论区以及其他关于 INLA 理论和应用的资源. **R-INLA** 软件包不在 CRAN (Comprehensive R Archive Network) 上, 因为它使用了一些构建二进制文件的外部 C 库. 因此, 在安装该软件包时, 我们需要使用 `install.packages()`, 并添加 **R-INLA** 存储库的 URL. 例如, 要安装此软件包的稳定版本, 我们需要输入以下指令:

```
install.packages("INLA",
repos = "https://inla.r-inla-download.org/R/stable", dep = TRUE)
```

然后, 为了在 R 中加载该软件包, 我们需要输入

```
library(INLA)
```

为了用 INLA 拟合一个模型, 我们需要采取两个步骤. 首先, 我们将模型的线性预测因子写成 R 中的公式对象. 然后, 我们运行模型, 调用 `inla()` 函数, 指定公式、分布族、数据和其他选项. `inla()` 的执行会返回一个包含拟合模型信息的对象, 包括参数、线性预测因子和拟合值的汇总以及后验边际分布. 然后可以使用 **R-INLA** 提供的一组函数对这些后验分布进行后期处理. 该软件包还提供了贝叶斯模型不同的评估和比较标准. 这些标准包括模型偏差信息准则 (DIC) (Spiegelhalter 等, 2002)、Watanabe-Akaike 信息准则 (WAIC) (Watanabe, 2010)、边际似然和条件预测坐标 (CPO) (Held 等, 2010). 下面给出了关于 **R-INLA** 的使用细节.

4.1 线性预测因子

R-INLA 中的线性预测因子的语法与用 `lm()` 函数拟合线性模型的语法相似. 我们需要写出响应变量, 然后是 `~` 符号, 最后用 `+` 运算符分开固定效应和随机效应. 随机效应是使用 `f()` 函数指定的. `f()` 的第一个参数是一个索引向量, 用于指定适用于每个观测值的随机效应元素, 第二个参数是模型 (`model`) 的名称 (例如, `"iid"`, `"ar1"`). `f()` 的其他参数可以通过键入 `?f` 来查看. 例如, 如果我们有一个模型

$$Y_i \sim N(\eta_i, \sigma^2),\ i = 1, \ldots, n,$$

$$\eta_i = \beta_0 + \beta_1 x_1 + \beta_2 x_2 + u_i,$$

其中 Y_i 是响应变量, η_i 是线性预测因子, x_1, x_2 是两个解释变量, $u_i \sim N(0, \sigma_u^2)$, 则模型可以写为

```
y ~ x1 + x2 + f(i, model = "iid")
```

请注意, 在默认情况下该公式包括一个截距项. 如果我们想在公式中明确包括 β_0, 我们需要删除截距 (添加 0), 并将其作为协变量项添进来 (增加 b0).

```
y ~ 0 + b0 + x1 + x2 + f(i, model = "iid")
```

4.2   inla() 函数

inla() 函数用来拟合模型. inla() 的主要参数如下:

- formula: 公式对象, 指定线性预测因子.
- data: 由数据组成的数据框. 如果我们希望预测一些观测值的响应变量, 需要将这些观测值的响应变量指定为 NA.
- family: 字符串或字符串的向量, 表示似然 (分布) 族, 如 gaussian(高斯分布)、poisson(泊松分布) 或 binomial(二项分布). 默认情况下, 似然族是高斯分布. 输入 names(inla.models()$likelihood) 可以看到其他似然族列表, 而特定似然族的细节可以通过 inla.doc("分布族名称") 查看.
- control.compute: 指定了几个计算变量的列表, 例如 dic, 它是一个布尔变量, 表示是否应该计算模型的 DIC.
- control.predictor: 指定了几个预测变量的列表, 例如 link 是模型的连接函数; compute 是一个布尔变量, 表示是否应该计算线性预测因子的边际密度.

4.3   先验的指定

输入 names(inla.models()$prior) 可以看到 **R-INLA** 中可用的先验分布的名称, 输入 inla.models()$prior 可以看到包含每个先验分布可用选项的列表. 特定先验分布的文档可以用 inla.doc("先验分布名称") 查看.

默认情况下, 模型的截距项被指定为均值和精度都等于 0 的高斯先验分布, 其余的固定效应被指定为均值等于 0、精度等于 0.001 的高斯先验. 这些值可通过 inla.set.control.fixed.default()[c("mean.intercept","prec.intercept","mean", "prec")] 查看. 这些先验的参数值可以在 inla() 的 control.fixed 参数中通过指定一个高斯分布的均值和精度的列表来改变. 具体来说, 这个列表包含 mean.intercept 和 prec.intercept, 分别表示截距的先验均值和精度; mean 和 prec 表示除截距外所有固定效应的先验均值和精度.

```
prior.fixed <- list(mean.intercept = <>, prec.intercept = <>,
                    mean = <>, prec = <>)
res <- inla(formula,
  data = d,
  control.fixed = prior.fixed
)
```

超参数 $\boldsymbol{\theta}$ 的先验是在 `f()` 的参数 `hyper` 中分配的.

```
formula <- y ~ 1 + f(<>, model = <>, hyper = prior.f)
```

似然中参数的先验则是在 `inla()` 的参数 `control.family` 中分配的.

```
res <- inla(formula,
  data = d,
  control.fixed = prior.fixed,
  control.family = list(..., hyper = prior.l)
)
```

`hyper` 接受一个命名的列表, 其名称为每个超参数, 其值等于由先验参数说明构成的列表. 具体来说, 该列表包含以下值:

- `initial`: 超参数的初始值 (好的初始值可使推断过程更快),
- `prior`: 先验分布的名字 (如, `"iid"`, `"bym2"`),
- `param`: 由先验分布的参数值构成的向量,
- `fixed`: 布尔变量, 表示超参数是否是一个固定值.

```
prior.prec <- list(initial = <>, prior = <>,
                   param = <>, fixed = <>)
prior <- list(prec = prior.prec)
```

先验需要在超参数的内部尺度中设置. 例如, `iid` 模型定义了一个由精度为 τ 的独立高斯分布的随机变量构成的向量. 我们可以通过输入 `inla.doc("iid")` 来检查这个模型的文档, 可以看到精度 τ 在对数尺度上表示为 $\log(\tau)$. 因此, 需要将先验定义在对数精度上 $\log(\tau)$.

R-INLA 还提供了一个构建先验的有用框架, 称为 "惩罚性复杂度" 或 "PC" 先验 (Fuglstad 等, 2019). PC 先验是在模型单个分量上定义的, 可视为简单、可解释的基础模型的灵活扩展. PC 先验对偏离基础模型的情况进行惩罚. 因此, PC 先验可控制灵活性, 减少过度拟合, 并提高预测性能. PC 先验只有一个参数, 用于控制模型的灵活性. 这些先验是通过设置 (U, α) 的值指定的, 满足

$$P(T(\xi) > U) = \alpha,$$

其中 $T(\xi)$ 是灵活性参数 ξ 的一个可解释性变换, U 是一个确定尾部事件的上界, α 是此事件发生的概率.

4.4   例子

这里我们展示了一个例子, 演示如何使用一个真实的数据集和 **R-INLA** 来定义和拟合一个模型并检查结果. 具体来说, 我们对 12 家医院的手术后的死亡率数据进行建模. 这项分析的目的是利用手术死亡率来评估每家医院的表现, 并确定是否有医院表现得异常好或异常差.

4.4.1 数据

我们使用的数据是 Surg, 它包含了 12 家对婴儿进行心脏手术的医院的手术数量和死亡人数. Surg 是一个由三列组成的数据框, 即: hospital 表示医院, n 表示每家医院在一年内进行的手术数量, r 表示每家医院手术后 30 天内的死亡人数.

Surg			
	n	r	hospital
1	47	0	A
2	148	18	B
3	119	8	C
4	810	46	D
5	211	8	E
6	196	13	F
7	148	9	G
8	215	31	H
9	207	14	I
10	97	8	J
11	256	29	K
12	360	24	L

4.4.2 模型

我们定义一个模型来获得每个医院的死亡率. 我们假设每个医院的死亡人数 Y_i 服从二项分布, 死亡率为 p_i,

$$Y_i \sim \text{Binomial}(n_i, p_i), \ i = 1, \ldots, 12.$$

我们还假设各医院的死亡率在某种程度上是相似的, 并为真实死亡率 p_i 指定一个随机效应模型

$$\text{logit}(p_i) = \alpha + u_i, \ u_i \sim N(0, \sigma^2).$$

默认情况下, 为人口的 logit 死亡率 α 指定一个无信息性先验

$$\alpha \sim N(0, 1/\tau), \ \tau = 0.$$

在 **R-INLA** 中, 随机效应 u_i 精度的默认先验分布为 $1/\sigma^2 \sim \text{Gamma}(1, 5 \times 10^{-5})$. 我们可以通过对标准差 σ 设置惩罚性复杂度 (PC) 先验来改变这一先验. 例如, 我们可以规定 σ 大于 1 的概率小等于 0.01: $P(\sigma > 1) = 0.01$. 在 **R-INLA** 中, 这一先验如下指定:

```
prior.prec <- list(prec = list(prior = "pc.prec",
                                param = c(1, 0.01)))
```

此模型在 R 代码中转化为以下公式:

```
formula <- r ~ f(hospital, model = "iid", hyper = prior.prec)
```

关于名为"iid" 的模型的信息, 可以通过输入 inla.doc("iid") 查看, 而关于 PC 先验的文档可以通过输入 inla.doc("pc.prec") 查看.

然后, 我们调用 inla() 来指定公式、数据、似然族和试验次数. 我们添加 control.predictor = list(compute = TRUE) 来计算参数的后验边际密度, 添加 control.compute = list(dic = TRUE) 来计算 DIC.

```
res <- inla(formula,
  data = Surg,
  family = "binomial", Ntrials = n,
  control.predictor = list(compute = TRUE),
  control.compute = list(dic = TRUE)
)
```

4.4.3 结果

当执行 inla() 后, 我们得到一个包含模型拟合信息的类型为 inla 的对象, 其中包括固定效应、随机效应、超参数、线性预测因子和拟合值的汇总以及后验边际密度. 返回的对象 res 的汇总可以用 summary(res) 查看.

```
summary(res)
```

```
Fixed effects:
            mean     sd 0.025quant 0.5quant
(Intercept) -2.545 0.1396    -2.838   -2.539
          0.975quant  mode kld
(Intercept)    -2.281 -2.53   0

Random effects:
Name        Model
 hospital    IID model
```

```
Model hyperparameters:
                        mean    sd 0.025quant 0.5quant
Precision for hospital 12.04 18.30      2.366    8.292
                        0.975quant  mode
Precision for hospital     41.86 5.337

Expected number of effective parameters(std dev): 7.256(1.703)
Number of equivalent replicates : 1.654

Deviance Information Criterion (DIC) ...............: 74.93
Deviance Information Criterion (DIC, saturated) ....: -39.99
Effective number of parameters .....................: 8.174

Marginal log-Likelihood:  -41.16
```

我们可以用 plot(res) 来对结果可视化, 或者如果我们想在同一图上绘制先验分布与后验分布就用 plot(res,plot.prior=TRUE). 当执行 inla() 时, 我们设定了 control.compute = list(dic = TRUE); 此结果包含了模型的 DIC. DIC 权衡了模型对数据的拟合度和模型的复杂度, DIC 值越小说明模型越好.

```
res$dic$dic
```

```
[1] 74.93
```

固定效应的汇总可以通过输入 res$summary.fixed 获得. 这将返回一个数据框, 其中包括后验的均值、标准差、(2.5%、50% 和 97.5%) 分位数以及众数. kld 所在列代表对称的 Kullback-Leibler 散度 (Kullback 和 Leibler, 1951), 它描述了每个后验的高斯近似与简化或完全拉普拉斯近似之间的差异.

```
res$summary.fixed
```

```
            mean    sd 0.025quant 0.5quant
(Intercept) -2.545 0.1396    -2.838   -2.539
            0.975quant  mode      kld
(Intercept)    -2.281 -2.53 1.157e-05
```

我们还可以通过分别输入 res$summary.random(它是一个列表) 和res$summary.hyperpar (它是一个数据框) 得到随机效应和超参数的汇总结果.

```
res$summary.random
```

```
$hospital
  ID    mean      sd 0.025quant 0.5quant 0.975quant
1  A -0.33064 0.3626   -1.16725 -0.28597     0.2654
```

```
2    B  0.34702 0.2515   -0.10975 0.33461    0.8719
3    C -0.04082 0.2594   -0.57488 -0.03561   0.4649
4    D -0.21697 0.1803   -0.58148 -0.21375   0.1336
5    E -0.35153 0.2639   -0.92452 -0.33126   0.1099
6    F -0.05877 0.2340   -0.53735 -0.05422   0.3969
7    G -0.09776 0.2518   -0.62334 -0.08892   0.3832
8    H  0.54577 0.2401    0.10285 0.53791    1.0395
9    I -0.04788 0.2306   -0.51707 -0.04426   0.4031
10   J  0.06130 0.2664   -0.46738 0.05796    0.6002
11   K  0.34724 0.2204   -0.05765 0.33791    0.8051
12   L -0.06757 0.2052   -0.48127 -0.06525   0.3355
          mode       kld
1   -0.19410 1.127e-04
2    0.30619 9.303e-05
3   -0.02614 3.912e-06
4   -0.20487 4.982e-05
5   -0.28756 8.497e-05
6   -0.04451 5.748e-06
7   -0.07007 7.258e-06
8    0.52511 4.888e-04
9   -0.03665 5.109e-06
10   0.04637 1.171e-06
11   0.31834 1.352e-04
12  -0.05921 6.587e-06
```

`res$summary.hyperpar`

```
                        mean   sd 0.025quant 0.5quant
Precision for hospital 12.04 18.3      2.366    8.292
                       0.975quant mode
Precision for hospital      41.86 5.337
```

在执行 inla() 时, 如果我们在 control.predictor 中设置 compute = TRUE, 则返回的结果还包含以下对象:

- summary.linear.predictor: 包括线性预测因子的均值、标准差和分位数的数据框.
- summary.fitted.values: 包括通过连接函数的反函数对线性预测因子进行变换得到的拟合值的平均值、标准差和分位数的数据框.
- marginals.linear.predictor: 包括线性预测因子的后验边际分布的列表.
- marginals.fitted.values: 包括通过连接函数的反函数对线性预测因子进行变换而得到的拟合值的后验边际分布的列表.

请注意, 如果观察值是 NA, 则所使用的连接函数是恒等变换. 如果我们想要 summary.fitted.values 和 marginals.fitted.values 得到尺度变换下的拟合值, 我们需要在

control.predictor 中设置适当的连接函数. 另外, 我们也可以使用 inla.tmarginal() 函数对 inla 对象中的边际分布进行手动变换.

此例中预测死亡率可以由 res\$summary.fitted.values 得到.

```
res$summary.fitted.values
```

	mean	sd	0.025quant
fitted.Predictor.01	0.05668	0.01873	0.02285
fitted.Predictor.02	0.10225	0.02132	0.06686
fitted.Predictor.03	0.07221	0.01695	0.04230
fitted.Predictor.04	0.06011	0.00787	0.04540
fitted.Predictor.05	0.05410	0.01298	0.03042
fitted.Predictor.06	0.07058	0.01438	0.04465
fitted.Predictor.07	0.06838	0.01545	0.04061
fitted.Predictor.08	0.12140	0.02205	0.08256
fitted.Predictor.09	0.07123	0.01420	0.04563
fitted.Predictor.10	0.07942	0.01919	0.04674
fitted.Predictor.11	0.10160	0.01723	0.07156
fitted.Predictor.12	0.06951	0.01152	0.04836

	0.5quant	0.975quant	mode
fitted.Predictor.01	0.05596	0.09585	0.05535
fitted.Predictor.02	0.10007	0.14969	0.09535
fitted.Predictor.03	0.07103	0.10924	0.06920
fitted.Predictor.04	0.05986	0.07621	0.05936
fitted.Predictor.05	0.05356	0.08086	0.05244
fitted.Predictor.06	0.06978	0.10129	0.06844
fitted.Predictor.07	0.06752	0.10148	0.06620
fitted.Predictor.08	0.12004	0.16823	0.11739
fitted.Predictor.09	0.07044	0.10154	0.06909
fitted.Predictor.10	0.07759	0.12257	0.07448
fitted.Predictor.11	0.10036	0.13866	0.09776
fitted.Predictor.12	0.06901	0.09361	0.06811

mean 所在列显示, 2 号、8 号和 11 号医院是死亡率后验均值最高的医院. 0.025quant 和 0.975quant 两列为死亡率 95% 可信区间的下限和上限, 它们提供了不确定性的度量.

我们还可以通过 res\$marginals.fixed 获得固定效应的后验边际分布的列表, 通过 marginals.random 和 marginals.hyperpar 分别获得随机效应和超参数的后验边际分布的列表. 边际分布是一些命名列表, 由两列的矩阵构成, 列 x 表示参数的值, 列 y 是密度. **R-INLA** 整合了几个函数来操作后验边际分布. 例如, inla.emarginal() 和 inla.qmarginal() 分别计算后验边际分布的期望值和分位数. inla.smarginal() 可以用来获得样条平滑, inla.tmarginal() 可以用来做边际分布的变换, inla.zmarginal() 提供汇总统计量.

在我们的例子中, 固定效应的后验边际分布的第一个元素, 即res$marginals.fixed[[1]], 是截距 α 的后验分布的元素 (参数及密度值). 我们可以应用 inla.smarginal() 来获得边际密度的样条平滑, 然后用 **ggplot2** 软件包的 ggplot() 函数来绘制此后验分布 (见图4.1).

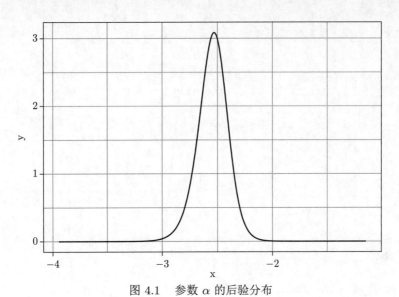

图 4.1   参数 α 的后验分布

```
library(ggplot2)
alpha <- res$marginals.fixed[[1]]
ggplot(data.frame(inla.smarginal(alpha)), aes(x, y)) +
  geom_line() +
  theme_bw()
```

分位数和分布函数分别由 inla.qmarginal() 和 inla.pmarginal() 给出. 我们可以得到 α 的 0.05 分位数, 并按如下代码绘制出 α 低于该分位数的概率:

```
quant <- inla.qmarginal(0.05, alpha)
quant
```

```
[1] -2.782
```

```
inla.pmarginal(quant, alpha)
```

```
[1] 0.05
```

α 小于 0.05 分位数的概率图可如下产生 (见图4.2):

```
ggplot(data.frame(inla.smarginal(alpha)), aes(x, y)) +
  geom_line() +
  geom_area(data = subset(data.frame(inla.smarginal(alpha)),
                                     x < quant),
          fill = "black") +
  theme_bw()
```

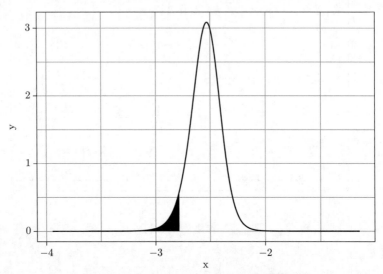

图 4.2   参数 α 小于 0.05 四分位数的概率图

函数 `inla.dmarginal()` 计算了特定值的密度. 例如, 值在 -2.5 处的密度可以如下计算 (见图4.3):

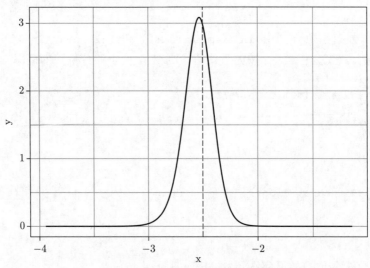

图 4.3   在 -2.5 处 α 的后验分布

```
inla.dmarginal(-2.5, alpha)
```

[1] 2.989

```
ggplot(data.frame(inla.smarginal(alpha)), aes(x, y)) +
  geom_line() +
  geom_vline(xintercept = -2.5, linetype = "dashed") +
  theme_bw()
```

如果我们希望对边际分布作变换, 就可以使用 `inla.tmarginal()`. 例如, 如果我们希望得到随机效应 u_i 的方差, 可以先得到精度 τ 的边际分布, 然后使用逆函数.

```
marg.variance <- inla.tmarginal(function(x) 1/x,
res$marginals.hyperpar$"Precision for hospital")
```

随机效应 u_i 方差的后验分布如图4.4所示.

```
ggplot(data.frame(inla.smarginal(marg.variance)), aes(x, y)) +
  geom_line() +
  theme_bw()
```

现在, 如果我们希望获得方差的后验均值, 就可以使用 `inla.emarginal()`.

```
m <- inla.emarginal(function(x) x, marg.variance)
m
```

[1] 0.1465

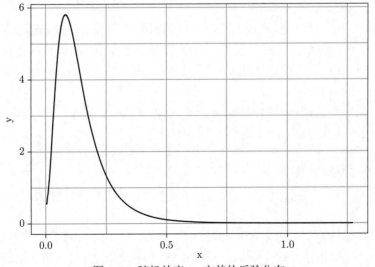

图 4.4　随机效应 u_i 方差的后验分布

标准差可以用表达式 $Var[X] = E[X^2] - E[X]^2$ 来计算.

```
mm <- inla.emarginal(function(x) x^2, marg.variance)
sqrt(mm - m^2)
```

[1] 0.1061

分位数可以用函数 `inla.qmarginal()` 来计算.

```
inla.qmarginal(c(0.025, 0.5, 0.975), marg.variance)
```

[1] 0.02362 0.12027 0.42143

我们还可以使用 `inla.zmarginal()` 来得到边际分布的描述性统计量.

```
inla.zmarginal(marg.variance)
```

```
Mean           0.146458
Stdev          0.106091
Quantile 0.025 0.0236236
Quantile 0.25  0.0751293
Quantile 0.5   0.120269
Quantile 0.75  0.1868
Quantile 0.975 0.421433
```

在这个例子中, 我们希望通过死亡率来评估医院的表现. `res$marginals.fitted.values` 是一个包含每个医院的后验死亡率的列表. 我们可以通过从这个列表中构建一个数据框 `marginals` 来绘制死亡率的后验分布, 并添加一列 `hospital` 来表示医院.

```
list_marginals <- res$marginals.fitted.values

marginals <- data.frame(do.call(rbind, list_marginals))
marginals$hospital <- rep(names(list_marginals),
                      times = sapply(list_marginals, nrow))
```

然后, 我们用 `ggplot()` 绘制后验边际分布, 用 `facet_wrap()` 来为每家医院绘制一个图. 图4.5显示, 2 号、8 号和 11 号医院的死亡率最高, 由此表明它们的表现比其他医院差.

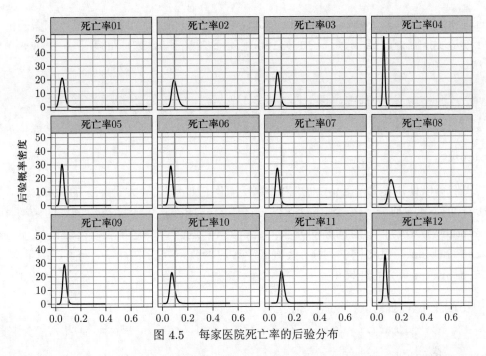

图 4.5　每家医院死亡率的后验分布

```
library(ggplot2)
plot_names <- c( "fitted.Predictor.01" = " 死亡率 01",
  "fitted.Predictor.02" = " 死亡率 02",
  "fitted.Predictor.03" = " 死亡率 03",
  "fitted.Predictor.04" = " 死亡率 04",
  "fitted.Predictor.05" = " 死亡率 05",
  "fitted.Predictor.06" = " 死亡率 06",
  "fitted.Predictor.07" = " 死亡率 07",
  "fitted.Predictor.08" = " 死亡率 08",
  "fitted.Predictor.09" = " 死亡率 09",
  "fitted.Predictor.10" = " 死亡率 10",
  "fitted.Predictor.11" = " 死亡率 11",
  "fitted.Predictor.12" = " 死亡率 12")
ggplot(marginals, aes(x = x, y = y)) + geom_line() +
  facet_wrap(~ hospitallabeller = as_labeller(plot_names)) +
  labs(x = "", y = " 后验概率密度") +
  geom_vline(xintercept = 0.1, col = "gray") +
  theme_bw()
```

　　我们还可以计算出死亡率大于某一阈值的概率, 这些概率被称为超额概率, 表示为 $P(p_i > c)$, 其中 p_i 表示医院 i 的死亡率, c 是阈值. 例如, 我们可以使用 $P(p_1 > c) = 1 - P(p_1 \leqslant c)$ 计算 1 号医院的死亡率超过 c 的概率. 在 **R-INLA** 中, $P(p_1 \leqslant c)$ 可以用 inla.pmarginal() 函数计算, 其中需要传递的参数是 p_1 的边际分布和阈值 c. 死亡率的边际分布在列表 res$marginals.fitted.values 中, 给出对应于第一家医院的边际分布是 res$marginals.fitted.values[[1]]. 我们可以选择 c 等于 0.1, 并如下计算 $P(p_1 > 0.1)$:

```
marg <- res$marginals.fitted.values[[1]]
1 - inla.pmarginal(q = 0.1, marginal = marg)
```

[1] 0.01654

我们可以使用函数 sapply() 来计算所有医院的死亡率大于 0.1 的概率, 该函数将所有边际值的列表 (res$marginals.fitted.values) 和计算超额概率的函数 (1-inla.pmarginal()) 作为传递的参数. sapply() 返回一个与列表 res$margi nals. fitted.values 长度相同的向量, 其值等于对边际分布列表中的每个元素应用函数 1-inla.pmarginal() 的结果.

```
sapply(res$marginals.fitted.values,
FUN = function(marg){1-inla.pmarginal(q = 0.1, marginal = marg)})
```

fitted.Predictor.01	fitted.Predictor.02
1.654e-02	5.001e-01
fitted.Predictor.03	fitted.Predictor.04
5.929e-02	4.364e-06
fitted.Predictor.05	fitted.Predictor.06
7.964e-04	2.904e-02
fitted.Predictor.07	fitted.Predictor.08
2.923e-02	8.301e-01
fitted.Predictor.09	fitted.Predictor.10
3.002e-02	1.357e-01
fitted.Predictor.11	fitted.Predictor.12
5.071e-01	7.990e-03

这些超额概率表明, 8 号医院死亡率超过 0.1 的概率最高 (概率等于 0.83) , 4 号医院最低 (概率等于 4.36×10^{-6}).

最后, 还可以使用 inla.posterior.sample() 函数从拟合模型的近似后验分布中生成样本, 该函数将要生成的样本容量以及调用 inla() 后的结果作为参数传递给此函数, 因此在创建时需要设置选项 control.compute = list(config = TRUE).

4.5   近似计算的控制变量

inla() 函数有一个叫做 control.inla 的参数, 指定其中的变量列表可获得更精确的近似值或减少计算时间. 后验边际的近似值是用数值积分计算的. 可以通过指定选项 int.strategy 不同的策略来选择数值积分所用的积分点 $\{\boldsymbol{\theta}_k\}$. 一种可能

性是使用 $\tilde{\pi}(\boldsymbol{\theta}|\boldsymbol{y})$ 众数附近的网格, 这是代价最大的选择, 可以通过命令 `control.inla = list(int.strategy = "grid")` 获得. 当超参数的维数相对较大时, 完全复合设计的成本较低, 这可用 `control.inla = list(int.strategy = "ccd")` 指定. 另一种策略是只使用超参数后验众数作为积分点, 这相当于一个经验贝叶斯方法, 这可以通过命令 `control.inla = list(int.strategy = "eb")` 获得. 默认选项是 `control.inla = list(int.strategy = "auto")`, 如果 $|\boldsymbol{\theta}| \leqslant 2$, 它对应于"grid", 否则对应于"ccd". 此外, 可以将 `inla.hyperpar()` 函数与 `inla()` 调用的结果结合起来使用, 以改善使用网格积分策略估计超参数后验边际分布的效果.

参数 `strategy` 用于指定在给定 $\boldsymbol{\theta}_k$ 选定值条件下 x_i 用于近似后验边际分布 $\tilde{\pi}(x_i|\boldsymbol{\theta}_k, \boldsymbol{y})$ 的方法, 可能的选项有 `strategy = "gaussian"`, `strategy = "laplace"`, `strategy = "simplified.laplace"`, 以及 `strategy = "adaptative"`. 选项 "adaptative" 是在 "gaussian" 和 "simplified.laplace" 之间选择, 默认选项是 "simplified.laplace", 表示准度和计算成本之间的折中.

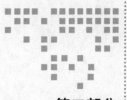

第二部分 *Part 2*

建模与可视化

第 5 章

区域数据

当一个固定的领域被划分为有限数量的子区域时, 这些子区域的结果融合起来就会出现区域数据 (areal data), 或称为网格数据 (lattice data). 区域数据的例子有: 县的癌症病例数、省的交通事故数、人口普查区的贫困人口比例. 通常情况下, 疾病风险模型的目的是在数据可用的同一地区获得疾病风险估计. 一个简单的衡量地区疾病风险的指标是标准化发病率 (standardized incidence ratio, SIR), 它被定义为观察到的病例数与预期病例数的比率. 然而, 在许多情况下, 由于人口数量少或样本少, 小地区可能会出现极端的 SIR. 在这些情况下, SIR 可能具有误导性, 作为报告来说不够可靠, 因此最好使用贝叶斯层次模型来估计疾病风险, 该模型能够借用邻近地区的信息, 并纳入协变量信息, 从而平滑或缩小极端值的影响.

一个流行的空间模型是 Besag-York-Mollié(BYM) 模型 (Besag 等, 1991), 它考虑到数据可能在空间上是相关的, 相邻地区的观测值可能比更远地区的观测值更相似. 这个模型包括一个根据邻域结构对数据进行平滑的空间随机效应, 以及一个拟合非相关噪声的非结构化可交换分量. 在观察病例数量随机变化的时空环境中, 使用的时空模型不仅要考虑空间结构, 还要考虑时间上的相关性和时空上的相互作用.

本章介绍了如何计算邻域矩阵、预期病例数和 SIR. 然后介绍了如何使用 **R-INLA** 软件包 (Rue 等, 2018) 来拟合空间和时空疾病风险模型. 本章的例子使用的是从 **SpatialEpi** 软件包 (Kim 和 Wakefield, 2018) 中获得的美国宾夕法尼亚州各县的肺癌数据, 并借助 **ggplot2** 软件包 (Wickham 等, 2019a) 展示了所创建的地图. 本章最后讨论了区域数据问题, 包括错位数据问题 (MIDP)(该问题发生在对空间数据进行分析时, 其尺度与最初收集的尺度不同的情况), 可修改区域单位问题 (MAUP) 和生态谬误, 即如果将相同的基础数据融合到一个新的融合级别相同的空间中, 结论可能会发生变化.

5.1 空间邻域矩阵

空间邻域或邻近矩阵的概念在探索区域数据时非常有用. 空间邻域矩阵 W 的第 (i, j) 个元素, 用 w_{ij} 表示, 以某种方式在空间上连接区域 i 和 j, $i, j \in \{1, \ldots, n\}$. W 定义了整个研究区域的邻域结构, 其元素可以被看作权重. 与那些离 i 较远的权重相比, 离 i 较近的权重更大. 最简单的邻域定义是由二元矩阵提供的, 如果区域 i 和区域 j 有一些共同的边界, 也许是一个顶点, 则 $w_{ij} = 1$, 否则 $w_{ij} = 0$. 通常, 对于 $i = 1, \ldots, n$, w_{ii} 被设置为 0. 请注意这种邻域定义的选择得到了一个对称的空间邻域矩阵.

　　下面的代码展示了如何基于具有共同边界的县的邻域定义来计算美国宾夕法尼亚州地图中几个县的邻域. 宾夕法尼亚州各县的地图是通过 **SpatialEpi** 软件包获得的 (见图5.1).

```
library(SpatialEpi)
map <- pennLC$spatial.polygon
plot(map)
```

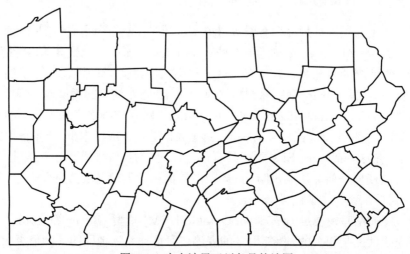

图 5.1　宾夕法尼亚州各县的地图

　　我们输入 class(map) 可以看到 map 是一个 SpatialPolygons 对象.

```
class(map)
```

```
[1] "SpatialPolygons"
attr(,"package")
[1] "sp"
```

　　我们可以通过使用 **spdep** 软件包 (Bivand, 2019) 中的 poly2nb() 函数获得地图上每个县的邻域. 该函数返回一个基于边界相邻的县的邻域列表 nb. 列表中的每个元素 nb 代表一个县, 并包含其邻域的索引. 例如, nb[[2]] 包含索引为 2 的县的邻域.

```
library(spdep)
nb <- poly2nb(map)
head(nb)
```

```
[[1]]
[1] 21 28 67

[[2]]
```

```
[1]  3  4 10 63 65

[[3]]
[1]  2 10 16 32 33 65

[[4]]
[1]  2 10 37 63

[[5]]
[1]  7 11 29 31 56

[[6]]
[1] 15 36 38 39 46 54
```

我们可以用地图显示宾夕法尼亚州特定县的邻域. 例如, 我们可以显示县 2, 44 和 58 的邻域. 首先, 我们用宾夕法尼亚州的地图创建一个 SpatialPolygonsData-Frame 对象, 数据中包含一个名为 county 的变量, 上面有县名, 还有一个名为 neigh 的虚拟变量, 表示县 2, 44 和 58 的邻域. 对于与县 2, 44 和 58 相邻的县, neigh 等于 1, 否则等于 0.

```
d <- data.frame(county = names(map), neigh = rep(0, length(map)))
rownames(d) <- names(map)
map <- SpatialPolygonsDataFrame(map, d, match.ID = TRUE)
map$neigh[nb[[2]]] <- 1
map$neigh[nb[[44]]] <- 1
map$neigh[nb[[58]]] <- 1
```

然后, 我们添加了名为 long 和 lat 的变量, 表示每个县的坐标, 以及一个变量 ID, 表示县的 id.

```
coord <- coordinates(map)
map$long <- coord[, 1]
map$lat <- coord[, 2]
map$ID <- 1:dim(map@data)[1]
```

我们用 **ggplot2** 软件包中的 ggplot() 函数创建地图. 首先, 我们用 **sf** 软件包中的 st_as_sf() 函数将地图 (一个 SpatialPolygonsDataFrame 类的空间对象) 转换成一个 sf 类的简单特征对象 (Pebesma, 2019).

```
library(sf)
mapsf <- st_as_sf(map)
```

最后, 我们创建一个地图, 上面显示变量 neigh, 以及添加的区域 id 的标签 (见图5.2).

```
library(ggplot2)
ggplot(mapsf) + geom_sf(aes(fill = as.factor(neigh))) +
  geom_text(aes(long, lat, label = ID), color = "white") +
  labs(x = " 经度", y = " 纬度") +
  theme_bw() + guides(fill = FALSE)
```

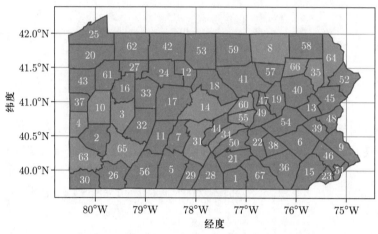

图 5.2 宾夕法尼亚州区域 2, 44 和 58 的邻域

我们还可以考虑许多其他可能的空间邻域定义. 例如, 我们可以扩大邻域的概念, 包括接近但不一定相邻的区域. 因此, 我们可以对特定距离内的所有 i 和 j 使用 $w_{ij} = 1$, 或者对于一个给定的 i, 如果 j 是 i 的最近的 m 个邻域之一, 则有 $w_{ij} = 1$. 权重 w_{ij} 也可以定义为区域间的反距离. 另外, 我们可能根据每个地区的邻域总数进行调整, 并使用一个标准化的矩阵, 其元素为 $w_{std,i,j} = \dfrac{w_{ij}}{\sum_{j=1}^{n} w_{ij}}$. 请注意在大多数地区形状不规则的情况下, 这个矩阵是不对称的.

5.2 标准化发病率

有时我们希望提供每个地区的疾病风险估计值, 这些地区是研究区域划分后的一个分区 (Moraga, 2018). 疾病风险的一个简单衡量标准是标准化发病率 (SIR). 对于每个地区 $i, i = 1, \ldots, n$, SIR 被定义为观察到的病例数与预期病例数的比率:

$$\text{SIR}_i = Y_i / E_i.$$

预期病例数 E_i 表示如果地区 i 人的行为方式与标准 (或区域) 人的行为方式相同, 人们预期该地区会出现的病例总数. E_i 可以用间接标准化法计算, 即

$$E_i = \sum_{j=1}^{m} r_j^{(s)} n_j^{(i)},$$

其中 $r_j^{(s)}$ 是在标准人口第 j 层中的比率 (病例数除以人口数) , $n_j^{(i)}$ 是地区 i 的第 j 层的人口数量. 在没有分层信息的应用中, 我们可以很容易地计算出预期计数为

$$E_i = r^{(s)} n^{(i)},$$

其中 $r^{(s)}$ 是在标准人口中的比率 (总病例数除以所有区域的总人口数) , $n^{(i)}$ 是地区 i 的人口数量. SIR_i 表示地区 i 的风险是否高于 $(\mathrm{SIR}_i > 1)$, 等于 $(\mathrm{SIR}_i = 1)$ 或低于 $(\mathrm{SIR}_i < 1)$ 标准人口的预期. 当应用于死亡率数据时, 该比率被称为标准化死亡率 (SMR).

下面展示一个例子, 我们使用来自 **SpatialEpi** 软件包的数据框 penn-LC\$data 计算 2002 年宾夕法尼亚州的肺癌的 SIR. pennLC\$data 包含宾夕法尼亚州县级的肺癌病例数和人口数, 按种族 (白人和非白人) 、性别 (女性和男性) 和年龄 (40 岁以下, 40—59 岁, 60—69 岁和 70 岁以上) 分层. 我们通过将各县的 pennLC\$data 行融合, 并将病例数相加, 得到各县所有阶层的病例数 Y. 我们可以使用 **dplyr** 软件包 (Wickham 等, 2019b) 中的函数 group_by() 和 summarize() 来完成这个工作.

```
library(dplyr)
d <- group_by(pennLC$data, county) %>% summarize(Y = sum(cases))
head(d)
```

```
# A tibble: 6 x 2
  county          Y
  <fct>       <int>
1 adams          55
2 allegheny    1275
3 armstrong      49
4 beaver        172
5 bedford        37
6 berks         308
```

一个替代 **dplyr** 来计算每个县的病例数量的方法是使用 aggregate() 函数. aggregate() 接受以下三个参数:

- x: 包含数据的数据框;
- by: 分组元素的列表 (每个元素需要与数据框 x 中的变量长度相同);
- FUN: 用来计算应用于所有数据子集的汇总统计数据的函数.

我们可以令 aggregate() 函数中的 x 为病例向量, by 为县构成的列表, FUN 为函数 sum. 然后, 我们将得到的数据框的列名设为 county 和 Y.

```
d <- aggregate(
  x = pennLC$data$cases,
  by = list(county = pennLC$data$county),
```

```
  FUN = sum
)
names(d) <- c("county", "Y")
```

我们也可以用间接标准化法计算每个县的预期病例数. 每个县的预期病例数代表了如果该县人的表现与宾夕法尼亚州人的表现相同, 人们预期的病例总数. 我们可以通过使用 **SpatialEpi** 的 expected() 函数来计算预期病例数. 这个函数有三个参数, 即

- population: 每个地区的每个分层下的人口数组成的向量;
- cases: 每个地区的每个分层下的病例数组成的向量;
- n.strata: 分层数.

向量 population 和向量 cases 需要首先按地区排序, 然后在每个地区内, 所有层级的病例数需要按相同的顺序列出. 所有的层级都需要包括在向量中, 包括病例数为 0 的层级. 为了获得预期的病例数, 我们首先使用 order() 函数对数据进行排序, 在这里我们指定的顺序是县、种族、性别, 最后是年龄.

```
pennLC$data <- pennLC$data[order(
  pennLC$data$county,
  pennLC$data$race,
  pennLC$data$gender,
  pennLC$data$age
), ]
```

然后, 我们通过调用 expected() 函数获得每个县的预期病例数 E, 其中 population 等于 pennLC$data$population, cases 等于 pennLC$data$cases. 每个县有 2 个种族、2 个性别和 4 个年龄组, 所以将数据层的数量设为 $2 \times 2 \times 4 = 16$.

```
E <- expected(
  population = pennLC$data$population,
  cases = pennLC$data$cases, n.strata = 16
)
```

现在我们将向量 E 添加到数据框 d 中, 该数据框包含了县的 id (county) 和观察到的计数 (Y), 确保 E 的元素以相同的顺序与 d$county 中的县对应. 为了做到这一点, 我们使用 match() 来计算在 unique(pennLC$data$county) 中与 E 中的县相匹配的位置向量. 然后我们用这个向量对 E 进行排序.

```
d$E <- E[match(d$county, unique(pennLC$data$county))]
head(d)
```

```
# A tibble: 6 x 3
  county      Y       E
```

```
       <fct>     <int>  <dbl>
1 adams        55   69.6
2 allegheny  1275 1182.
3 armstrong    49   67.6
4 beaver      172  173.
5 bedford      37   44.2
6 berks       308  301.
```

最后, 我们计算 SIR 值为观察到的病例数与预期病例数之比, 并将其添加到数据框 d 中.

```
d$SIR <- d$Y / d$E
```

最后的数据框 d 包含了宾夕法尼亚州各个县观察到的病例数、预期的病例数以及 SIR.

```
head(d)
```

```
# A tibble: 6 x 4
  county       Y      E   SIR
  <fct>     <int>  <dbl> <dbl>
1 adams        55   69.6 0.790
2 allegheny  1275 1182.   1.08
3 armstrong    49   67.6 0.725
4 beaver      172  173.  0.997
5 bedford      37   44.2 0.837
6 berks       308  301.   1.02
```

为了绘制宾夕法尼亚州的肺癌 SIR, 我们需要将包含 SIR 的数据框 d 添加到地图 map 中. 我们的做法是通过合并 map 和 d 的共同列来实现这一目的.

```
map <- merge(map, d)
```

然后我们需要创建一个带有地图的 sf 对象, 方法是用 st_as_sf() 函数将空间对象 map 转换为简单特征对象 mapsf.

```
mapsf <- st_as_sf(map)
```

最后, 我们用 ggplot() 创建地图. 为了更好地识别 SIR 低于和大于 1 的地区, 我们用 scale_fill_gradient2() 将 SIR 低于 1 的县用蓝白渐变的颜色填充, 而 SIR 大于 1 的县则用白红渐变的颜色填充.

```
ggplot(mapsf) + geom_sf(aes(fill = SIR)) +
  scale_fill_gradient2(
    midpoint = 1, low = "blue", mid = "white", high = "red"
```

```
) +
theme_bw()
```

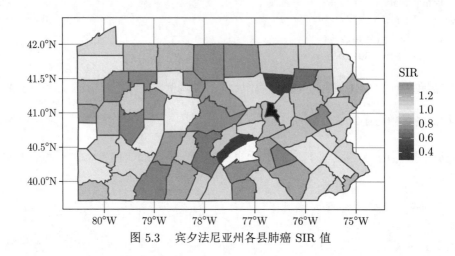

图 5.3   宾夕法尼亚州各县肺癌 SIR 值

图5.3显示了宾夕法尼亚州的肺癌 SIR. 在 SIR=1 的县 (白色), 观察到的肺癌病例数与预期病例数相同. 在 SIR> 1 的县 (红色), 观察到的肺癌病例数高于预期病例数. 在 SIR< 1 的县 (蓝色), 观察到的肺癌病例数比预期的少.

5.3   空间上的小区域疾病风险估计

尽管 SIR 在某些情况下是有用的, 但在人口较少或疾病罕见的地区, 预期病例数可能非常低, 这时 SIR 可能会产生误导, 基于它的报告可能不够可靠. 因此最好使用能够借用邻近地区信息的模型来估计疾病风险, 并结合协变量信息, 从而在小样本的基础上平滑或缩小极端值的影响 (Gelfand 等, 2010; Lawson, 2009).

通常情况下, 在地区 i 观察到的病例数 Y_i 是用均值为 $E_i\theta_i$ 的泊松分布建模的, 其中 E_i 是预期病例数, θ_i 是地区 i 的相对风险. 相对风险 θ_i 的对数表示为截距和随机效应的总和, 截距项用于刻画疾病的总体风险水平, 而随机效应则用于说明泊松以外的超额变异性. 相对风险 θ_i 量化了地区 i 是否比标准人群的平均风险高 $(\theta_i > 1)$ 或低 $(\theta_i < 1)$. 例如, 如果 $\theta_i = 2$, 这意味着地区 i 的风险是标准人群平均风险的 2 倍.

空间数据的一般模型表示如下:

$$Y_i \sim Po(E_i\theta_i),\ i = 1,\ldots,n,$$

$$\log(\theta_i) = \alpha + u_i + v_i.$$

这里, α 代表研究区域的总体风险水平, u_i 是特定于地区 i 的随机效应, 用于刻画相对风险之间的空间相依性, v_i 是一个非结构化的可交换分量, 用于反映不相关的噪声, $v_i \sim N(0,\sigma_v^2)$. 通常模型还包括量化风险因素的协变量和处理其他变异性的随机效应.

例如, $\log(\theta_i)$ 可以表示为

$$\log(\theta_i) = \boldsymbol{d}_i\boldsymbol{\beta} + u_i + v_i,$$

其中 $\boldsymbol{d}_i = (1, d_{i1}, \ldots, d_{ip})$ 是包含了截距和与地区 i 对应的 p 维协变量的向量, $\boldsymbol{\beta} = (\beta_0, \beta_1, \ldots, \beta_p)'$ 是系数向量. 此时, 在保持其他协变量不变的情况下, 协变量 $d_j (j = 1, \ldots, p)$ 每增加一个单位, 相对风险就会增加 $\exp(\beta_j)$.

在疾病制图的相关应用中, 一个比较受欢迎的空间模型是 Besag-York-Mollié (BYM) 模型 (Besag 等, 1991). 在这个模型中, 空间随机效应 u_i 被赋予了一个条件自回归 (Conditional Autoregressive, CAR) 分布, 它根据一定的邻接结构来平滑数据, 并且规定两个地区如果有共同的边界就是邻接的. 具体模型如下:

$$u_i | \boldsymbol{u}_{-i} \sim N\left(\bar{u}_{\delta_i}, \frac{\sigma_u^2}{n_{\delta_i}}\right),$$

其中 $\bar{u}_{\delta_i} = n_{\delta_i}^{-1} \sum_{j \in \delta_i} u_j$, δ_i 和 n_{δ_i} 分别代表地区 i 邻域的集合和邻域的数量, 非结构化成分 v_i 服从独立同分布的正态分布, 均值为 0, 方差为 σ_v^2.

在 **R-INLA** 中, BYM 模型按如下形式设定:

```
formula <- Y ~
  f(idareau, model = "besag", graph = g, scale.model = TRUE) +
  f(idareav, model = "iid")
```

该公式左侧为响应变量, 右侧包括固定和随机效应. 默认情况下, 该公式包括一个截距项. 随机效应用 `f()` 设置, 参数等于索引变量的名称、模型和其他选项. BYM 公式包括一个空间结构部分, 其中索引变量的名称为 `idareau`, 等于 `c(1, 2, ..., I)`, 模型`"besag"` 采用 CAR 分布, 邻域结构由图 `g` 给出. 使用选项 `scale.model = TRUE` 是为了使具有不同 CAR 先验的模型的精度参数具有可比性 (Freni-Sterrantino 等, 2018). 该公式还包括一个非结构化的分量, 其索引变量的名称为 `idareav`, 等于 `c(1, 2, ..., I)`, 模型为`"iid"`. 这是一个独立同分布的零均值正态分布的随机效应. 需要注意, 变量 `idareau` 和 `idareav` 都是带有地区索引的向量. 这两个变量是相同的; 但是它们仍然需要被指定为两个不同的对象, 因为 **R-INLA** 不允许用 `f()` 包含使用相同索引变量的两个效应. BYM 模型也可以用模型`"bym"` 来指定, 它同时定义了空间结构和非结构分量 u_i 和 v_i.

Simpson 等 (2017) 提出了一种新的 BYM 模型的参数化, 称为 BYM2. 这种参数化使参数可解释, 并有利于分配有意义的惩罚性复杂度 (PC) 先验. BYM2 模型使用了一个缩放的空间结构分量 $\boldsymbol{u}_*$ 和一个非结构化分量 $\boldsymbol{v}_*$,

$$\boldsymbol{b} = \frac{1}{\sqrt{\tau_b}}(\sqrt{1-\phi}\boldsymbol{v}_* + \sqrt{\phi}\boldsymbol{u}_*),$$

此处的精度参数 $\tau_b > 0$ 控制着 $\boldsymbol{u}_*$ 和 $\boldsymbol{v}_*$ 的加权和的边际方差. 混合参数 $0 \leqslant \phi \leqslant 1$ 衡量由结构效应 $\boldsymbol{u}_*$ 解释的边际方差的占比. 因此, 当 $\phi = 1$ 时, BYM2 模型等价于一

个空间模型, 而当 $\phi = 0$ 时, 则等价于一个非结构化空间噪声 (Riebler 等, 2016). 在 **R-INLA** 中, 我们对 BYM2 模型按如下方式指定:

```
formula <- Y ~ f(idarea, model = "bym2", graph = g)
```

其中 `idarea` 是表示区域 `c(1, 2, ..., I)` 的索引变量, `g` 是具有邻域结构的图. PC 先验根据从灵活模型到基础模型的偏差来惩罚模型复杂度, 基础模型在所有区域都具有恒定的相对风险. 边际精度 τ_b 的先验由概率陈述 $P((1/\sqrt{\tau_b}) > U) = \alpha$ 来定义. ϕ 的先验由 $P(\phi < U) = \alpha$ 定义.

5.3.1　宾夕法尼亚州肺癌的空间建模

本节我们展示了一个示例, 说明如何使用 BYM2 模型来计算宾夕法尼亚州各县的肺癌相对风险. Moraga (2018) 使用与吸烟者比例相关的协变量的 BYM 模型分析这个数据. 第 6 章展示了另一个示例, 说明如何拟合空间模型以获得英国苏格兰唇癌的相对风险.

首先, 我们定义公式, 其中包括左侧的响应变量 `Y` 和右侧的随机效应`"bym2"`. 请注意我们不需要添加截距项, 因为默认此模型包含了截距项. 在随机效应中, 我们用随机效应的索引指定索引变量 `idarea`. 这个索引变量等于 `c(1, 2, ..., I)`, 其中 `I` 是县的数量 (67). 县的数量可以通过数据的行数获得 (`nrow(map@data)`).

```
map$idarea <- 1:nrow(map@data)
```

我们使用 $P((1/\sqrt{\tau_b}) > U) = a$ 定义边际精度 τ_b 的 PC 先验. 如果我们认为大约 0.5 的边际标准差是一个合理的上限, 我们可以使用 Simpson 等 (2017) 描述的经验法则设置 $U = 0.5/0.31$ 和 $a = 0.01$. 然后 τ_b 的先验表示为 $P((1/\sqrt{\tau_b}) > (0.5/0.31)) = 0.01$. 我们将混合参数 ϕ 的先验定义为 $P(\phi < 0.5) = 2/3$. 这是一个保守的选择, 假设非结构化随机效应比空间结构化效应解释更多的可变性.

```
prior <- list(
  prec = list(
    prior = "pc.prec",
    param = c(0.5 / 0.31, 0.01)),
  phi = list(
    prior = "pc",
    param = c(0.5, 2 / 3))
  )
```

我们还需要计算一个带有邻域矩阵的对象 `g`, 它将用于空间结构化效应. 为了计算 `g`, 我们用 `poly2nb()` 计算一个邻域列表 `nb`. 然后, 使用 `nb2INLA()` 将列表 `nb` 转换为满足 **R-INLA** 要求的用邻域矩阵表示的文件. 然后使用 **R-INLA** 的 `inla.read.graph()` 函数读取文件, 并将其存储在对象 `g` 中.

```
library(spdep)
library(INLA)
nb <- poly2nb(map)
head(nb)
```

```
[[1]]
[1] 21 28 67

[[2]]
[1]  3  4 10 63 65

[[3]]
[1]  2 10 16 32 33 65

[[4]]
[1]  2 10 37 63

[[5]]
[1]  7 11 29 31 56

[[6]]
[1] 15 36 38 39 46 54
```

```
nb2INLA("map.adj", nb)
g <- inla.read.graph(filename = "map.adj")
```

公式定义如下:

```
formula <- Y ~ f(idarea, model = "bym2", graph = g, hyper = prior)
```

然后, 我们通过调用inla() 函数来拟合模型. 该函数的参数包括公式、分布族 ("poisson")、数据和预期病例数 (E). 我们还设置control.predictor 等于 list(compute = TRUE) 来计算预测的后验.

```
res <- inla(formula,
  family = "poisson", data = map@data,
  E = E, control.predictor = list(compute = TRUE)
)
```

对象 res 中包含模型的结果, 我们可以使用 summary(res) 获得其汇总.

```
summary(res)
```

```
Fixed effects:
             mean      sd 0.025quant 0.5quant
(Intercept) -0.0507 0.0168   -0.0844  -0.0504
          0.975quant    mode kld
(Intercept)   -0.0183 -0.0499    0
```

```
Random effects:
Name      Model
 idarea   BYM2 model
```

```
Model hyperparameters:
                          mean      sd 0.025quant
Precision for idarea 130.0642 54.4400     55.5534
Phi for idarea         0.4785  0.2551      0.0582
                      0.5quant 0.975quant     mode
Precision for idarea 119.5670    265.125 101.5072
Phi for idarea         0.4708      0.928   0.2925
```

```
Expected number of effective parameters(std dev): 25.77(5.093)
Number of equivalent replicates : 2.60
```

```
Marginal log-Likelihood:  -225.07
```

对象 res$summary.fitted.values 包含相对风险的描述性统计量, 包括平均后验以及相对风险的 95% 可信区间的上下限. 具体来说, mean 这一列是平均后验, 0.025quant 和 0.975quant 分别是 2.5% 和 97.5% 分位数.

```
head(res$summary.fitted.values)
```

```
                     mean      sd 0.025quant 0.5quant
fitted.Predictor.01 0.8677 0.06811    0.7367   0.8666
fitted.Predictor.02 1.0678 0.02862    1.0126   1.0675
fitted.Predictor.03 0.9143 0.06924    0.7737   0.9162
fitted.Predictor.04 0.9987 0.05776    0.8880   0.9977
fitted.Predictor.05 0.9096 0.07038    0.7743   0.9083
fitted.Predictor.06 0.9945 0.04731    0.9059   0.9929
                    0.975quant    mode
fitted.Predictor.01      1.005  0.8649
fitted.Predictor.02      1.125  1.0668
fitted.Predictor.03      1.046  0.9210
fitted.Predictor.04      1.115  0.9959
fitted.Predictor.05      1.053  0.9065
```

```
fitted.Predictor.06      1.092 0.9898
```

为了制作与这些变量对应的地图, 我们首先将 mean, 0.025quant 和 0.975quant 所在列添加到 map, 将 mean 分配给相对风险, 将 0.025quant 和 0.975quant 分配给相对风险的 95% 可信区间的上下限.

```
map$RR <- res$summary.fitted.values[, "mean"]
map$LL <- res$summary.fitted.values[, "0.025quant"]
map$UL <- res$summary.fitted.values[, "0.975quant"]

summary(map@data[, c("RR", "LL", "UL")])
```

```
        RR             LL             UL
Min.   :0.842   Min.   :0.715   Min.   :0.945
1st Qu.:0.915   1st Qu.:0.781   1st Qu.:1.047
Median :0.944   Median :0.820   Median :1.084
Mean   :0.956   Mean   :0.833   Mean   :1.088
3rd Qu.:0.991   3rd Qu.:0.879   3rd Qu.:1.132
Max.   :1.147   Max.   :1.089   Max.   :1.260
```

我们使用 ggplot() 函数制作具有 95% 可信区间的相对风险和上下限的地图. 我们通过在 scale_fill_gradient2() 中添加参数 limits 来令三个地图使用相同的尺度, 其中包含尺度的最小值和最大值.

```
mapsf <- st_as_sf(map)

gRR <- ggplot(mapsf) + geom_sf(aes(fill = RR)) +
  scale_fill_gradient2(
    midpoint = 1, low = "blue", mid = "white", high = "red",
    limits = c(0.7, 1.5)
  ) +labs(fill = " 均值") +
  theme_bw()
```

```
gLL <- ggplot(mapsf) + geom_sf(aes(fill = LL)) +
  scale_fill_gradient2(
    midpoint = 1, low = "blue", mid = "white", high = "red",
    limits = c(0.7, 1.5)
  ) +labs(fill = " 可信区间下限") +
  theme_bw()
```

```
gUL <- ggplot(mapsf) + geom_sf(aes(fill = UL)) +
  scale_fill_gradient2(
    midpoint = 1, low = "blue", mid = "white", high = "red",
    limits = c(0.7, 1.5)
  ) + labs(fill = " 可信区间上限") +
  theme_bw()
```

我们可以使用 **cowplot** 包 (Wilke, 2019) 的 `plot_grid()` 函数在网格上并排绘制这些地图. 为此我们需要调用 `plot_grid()` 来将图排列到网格中, 其中还可以指定行数 (`nrow`) 或列数 (`ncol`)(见图5.4).

```
library(cowplot)
plot_grid(gRR, gLL, gUL, ncol = 1)
```

上面的绘图方式是分别建立三个图并用 `plot_grid()` 再将它们放置在同一个网格中. 我们还可以使用 `ggplot()` 和 `facet_grid( )` 或 `facet_wrap()` 绘制一个图来实现. 这需要按指定变量拆分数据并将数据子集绘制在同一个图上. 第 7 章提供了一个使用 `ggplot()` 和 `facet_wrap()` 的示例.

BYM2 随机效应的描述性统计的数据框`res$summary.random$idarea` 中, 它的行数等于区域数 (2 * 67) 的 2 倍, 其中前 67 行对应 $b = \frac{1}{\sqrt{\tau_b}}(\sqrt{1-\phi}\,\boldsymbol{v}_* + \sqrt{\phi}\,\boldsymbol{u}_*)$, 后 67 行对应 $\boldsymbol{u}_*$.

```
head(res$summary.random$idarea)
```

```
  ID     mean      sd 0.025quant 0.5quant 0.975quant
1  1 -0.09436 0.07720   -0.25081 -0.09288    0.05399
2  2  0.11580 0.03120    0.05505  0.11561    0.17752
3  3 -0.04173 0.07490   -0.20202 -0.03698    0.09310
4  4  0.04769 0.05845   -0.06854  0.04804    0.16178
5  5 -0.04712 0.07533   -0.19957 -0.04600    0.09928
6  6  0.04393 0.04933   -0.05081  0.04315    0.14299
      mode      kld
1 -0.08995 1.077e-07
2  0.11524 1.074e-05
3 -0.02692 5.522e-06
4  0.04871 8.603e-07
5 -0.04379 9.077e-07
6  0.04139 1.093e-05
```

为了制作 BYM2 随机效应 $\boldsymbol{b}$ 的后验均值图, 我们需要`res$summary.random$idarea[1:67, "mean"]`(见图 5.5).

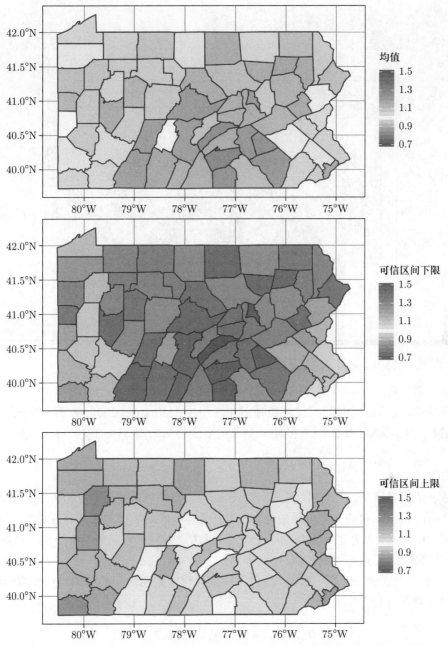

图 5.4　宾夕法尼亚州各县肺癌相对风险的均值和 95% 可信区间的下限和上限

```
mapsf$re <- res$summary.random$idarea[1:67, "mean"]


ggplot(mapsf) + geom_sf(aes(fill = re)) +
  scale_fill_gradient2(
    midpoint = 0, low = "blue", mid = "white", high = "red"
```

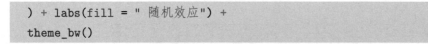

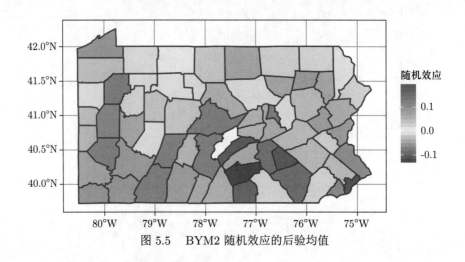

图 5.5   BYM2 随机效应的后验均值

5.4 时空小区域疾病风险估计

在病例数是随时间可观测的时空场景中, 我们可以使用时空模型, 该模型不仅考虑了空间结构, 还考虑了时间相关性和时空相互作用 (Martínez-Beneito 等, 2008; Ugarte 等, 2014). 具体来说, 在区域 i 和时间 j 上观察到的病例数 Y_{ij} 的模型可表示为

$$Y_{ij} \sim Po(E_{ij}\theta_{ij}), \ i = 1, \ldots, I, \ j = 1, \ldots, J,$$

其中 θ_{ij} 是相对风险, E_{ij} 是区域 i 和时间 j 上的预期病例数. 则 $\log(\theta_{ij})$ 表示为包括空间和时间结构在内的几个分量的总和, 这个模型考虑到了相邻区域和连续时间可能具有更相似的风险. 此外还可以包括时空交互, 以考虑不同区域可能具有不同的时间趋势, 但相邻区域的时间趋势更为相似.

例如, Bernardinelli 等 (1995) 提出了一个具有参数型时间趋势的时空模型, 该模型将相对风险的对数表示为

$$\log(\theta_{ij}) = \alpha + u_i + v_i + (\beta + \delta_i) \times t_j,$$

此处 α 表示截距项, $u_i + v_i$ 是区域随机效应, β 是全局线性趋势效应, δ_i 是空间和时间之间的相互作用, 表示全局趋势 β 和区域特定趋势之间的差异. u_i 和 δ_i 用 CAR 分布建模, v_i 是独立同分布的正态变量. 该模型允许每个区域都有自己的时间趋势, 其空间截距由 $\alpha + u_i + v_i$ 给出, 斜率由 $\beta + \delta_i$ 给出. 效应 δ_i 称为第 i 区域的差异趋势, 表示区域 i 的时间趋势与全局时间趋势 β 的差异. 例如, 正 (负) δ_i 表示区域 i 具有斜率比全局时间趋势 β 更大 (小) 的时间趋势.

在 **R-INLA** 中, 该模型对应的公式如下

```
formula <- Y ~ f(idarea, model = "bym", graph = g) +
  f(idarea1, idtime, model = "iid") + idtime
```

在此公式中, `idarea` 和 `idarea1` 是区域索引 `c(1, 2, ..., I)`, `idtime` 是时间索引 `c(1, 2, ..., J)`. 该公式默认包含截距项. `f(idarea, model="bym", graph = g)` 对应区域随机效应 u_i+v_i, `f(idarea1, idtime, model = "iid")` 是差分时间趋势 $\delta_i \times t_j$, `idtime` 表示全局趋势 $\beta \times t_j$.

Bernardinelli 等 (1995) 提出的模型假设每个区域都有线性时间趋势. Schrödle 和 Held (2011) 则提出了不需要线性时间趋势假设的非参数模型. 举个例子, Knorr-Held (2000) 设定了包含空间和时间随机效应的模型, 同时包含了空间和时间之间的相互作用, 此模型表示为

$$\log(\theta_{ij}) = \alpha + u_i + v_i + \gamma_j + \phi_j + \delta_{ij},$$

这里 α 是截距项, $u_i + v_i$ 是上面定义的空间随机效应, 即 u_i 服从 CAR 分布, v_i 是独立同分布的正态变量. $\gamma_j + \phi_j$ 是时间随机效应. γ_j 是时间上的一阶随机游动 (RW1)

$$\gamma_j | \gamma_{j-1} \sim N(\gamma_{j-1}, \sigma_\gamma^2),$$

或时间上的二阶随机游动 (RW2)

$$\gamma_j | \gamma_{j-1}, \gamma_{j-2} \sim N(2\gamma_{j-1} - \gamma_{j-2}, \sigma_\gamma^2).$$

ϕ_j 表示非结构化的时间效应, 可以使用独立同分布的正态变量 $\phi_j \sim N(0, \sigma_\phi^2)$ 建模. δ_{ij} 是空间和时间之间的交互作用, 可以不同的方式指定, 来反映有交互作用的随机效应的组合结构. Knorr-Held (2000) 提出了四种类型的交互作用, 即 (u_i, γ_j), (u_i, ϕ_j), (v_i, γ_j) 和 (v_i, ϕ_j).

交互项 δ_{ij} 定义为 v_i (i.i.d.) 和 ϕ_j (i.i.d.) 之间的交互, 该模型假设 δ_{ij} 上没有空间或时间结构. 因此, 交互项 δ_{ij} 服从 $\delta_{ij} \sim N(0, \sigma_\delta^2)$. 该模型对应的公式为

```
formula <- Y ~ f(idarea, model = "bym", graph = g) +
  f(idtime, model = "rw2") +
  f(idtime1, model = "iid") +
  f(idareatime, model = "iid")
```

这里, `idarea` 是区域索引向量, 等于 `c(1, 2, ..., I)`, `idtime` 和 `idtime1` 是时间索引向量, 等于 `c(1, 2, ..., J)`. 而 `idareatime` 是交互作用的向量, 等于 `c(1, 2 , ..., M)`, 其中 `M` 是观察次数.

下面我们展示如何为每种交互类型指定交互项 δ_{ij}. 我们用 `idarea` 来表示区域索引, 用 `idtime` 来表示时间索引. 请注意, 每个 `f()` 需要使用不同的索引, 如果在公式的其他项中使用它们, 就需要复制索引. 如前所述, 具有交互效应 v_i (i.i.d.) 和 ϕ_j (i.i.d.) 的交互项假定没有空间或时间结构, 形式为

```
f(idareatime, model = "iid")
```

u_i (CAR) 和 ϕ_j (i.i.d.) 之间相互作用的效应为

```
f(idtime,
  model = "iid",
  group = idarea, control.group = list(model = "besag", graph = g)
)
```

这里指定了在时间上独立而在空间上服从 CAR 分布 (group = idarea) 的交互效应. 当交互作用出现在 v_i (i.i.d.) 和 γ_j (RW2) 之间时, 公式中可以指定为

```
f(idarea,
  model = "iid",
  group = idtime, control.group = list(model = "rw2")
)
```

这里假设了在区域上独立而在时间 (group = idtime) 上服从 2 阶随机游动的交互效应. 当存在交互作用的效应分别是 u_i (CAR) 和 γ_j (RW2) 时, 我们使用

```
f(idarea,
  model = "besag", graph = g,
  group = idtime, control.group = list(model = "rw2")
)
```

这里假设了在时间上为 2 阶随机游动而在空间上依赖邻域的交互效应. 在第 6 和第 7 章中, 我们将看到如何在不同的设置中拟合和解释空间和时空区域模型.

5.5　区域数据的问题

融合数据的空间分析会受到错位数据问题 (MIDP) 的影响, 当空间数据的分析尺度与最初收集的尺度不同时, 就会出现错位数据问题 (Banerjee 等, 2004). 在某些情况下, 我们研究的目的仅仅是为了获得一个变量在一个新的空间融合水平上的空间分布. 例如, 我们可能希望使用最初在邮政编码层面记录的数据在县级进行预测. 或者另一种情况, 我们可能希望将一个变量与不同空间尺度上的其他变量联系起来. 这种情况的一个例子是, 我们想确定在县级提供的不良结果的风险是否与在一个站点网络上测量的环境污染物的暴露有关, 并对风险人口和其他人口信息进行调整, 这些信息在邮政编码上可以得到.

当我们将相同空间水平的数据融合到一个新的空间融合水平时, 分析结论会发生变化, 称之为可修改区域单位问题 (MAUP)(Openshaw, 1984). MAUP 由两个相互关联的效应组成. 第一个效应是规模或融合效应, 它涉及当相同水平的数据被分组到越来越大

的区域时获得的不同推论. 第二个效应是分组或分区效应, 这种效应考虑的是由于区域
被替代导致在相同或类似规模下区域形状的差异所产生的结果的变化.

生态学研究的特点是基于融合数据 (Robinson, 1950). 此类研究存在潜在的生态谬
误, 这出现在变量在融合水平分析获得的关联估计与相同变量在个体水平分析的结论不
同时. 生态推理问题可以看作 MAUP 的一个特例, 由此产生的偏差称为生态偏差, 由类
似于 MAUP 中的融合和分区效应两个效应组成. 它们是由于分组的融合偏差以及分组
(Gotway 和 Young, 2002) 所创建的混杂变量的差异分布引起的.

第 6 章

区域数据的空间建模: 苏格兰唇癌数据

在本章中, 我们使用 **R-INLA** 软件包 (Rue 等, 2018) 估计英国苏格兰男性患唇癌的风险. 我们使用的数据是观测的和预期的唇癌病例数, 以及苏格兰各区从事农业、渔业或林业 (AFF) 的人口比例. 这些数据是从 **SpatialEpi** 软件包 (Kim 和 Wakefield, 2018) 中获得的. 首先, 我们描述了如何计算和解释苏格兰各区的标准化发病率 (SIR). 然后, 我们展示了如何拟合 Besag-York-Mollié (BYM) 模型以获得相对风险估计并量化 AFF 变量的影响. 我们还展示了如何计算相对风险大于给定阈值的超额概率. 结果通过表格以及 **ggplot2** (Wickham 等, 2019a) 创建的静态图和 **leaflet** (Cheng 等, 2018) 创建的交互式地图来显示. 分析美国宾夕法尼亚州肺癌数据的类似示例出现在 Moraga(2018) 中.

6.1 数据和地图

我们首先加载 **SpatialEpi** 软件包并挂接 `scotland` 数据. 数据包含苏格兰每个区在 1975 年至 1980 年间观察到的和预期的唇癌病例数, 以及变量 AFF, 该变量表示从事农业、渔业或林业的人口比例. AFF 变量与在阳光下的暴露有关, 是唇癌的风险因素. 数据还包含苏格兰各区的地图.

```
library(SpatialEpi)
data(scotland)
```

接下来我们查看数据.

```
class(scotland)
```

```
[1] "list"
```

```
names(scotland)
```

```
[1] "geo"             "data"
[3] "spatial.polygon" "polygon"
```

我们看到数据 `scotland` 是一个包含以下元素的列表对象:
- `geo`: 数据框, 包括各区的名称和中心点坐标 (东经/北纬) ;
- `data`: 数据框, 包括各区的名称、观测的和预期的唇癌病例数以及 AFF 值;

- spatial.polygon: 包含苏格兰地图的 SpatialPolygons 对象;
- polygon: 苏格兰的多边形地图.

我们可由 head(scotland$data) 来查看观测的和预期的唇癌病例数以及第一个区的 AFF 值.

```
head(scotland$data)
```

	county.names	cases	expected	AFF
1	skye-lochalsh	9	1.4	0.16
2	banff-buchan	39	8.7	0.16
3	caithness	11	3.0	0.10
4	berwickshire	9	2.5	0.24
5	ross-cromarty	15	4.3	0.10
6	orkney	8	2.4	0.24

苏格兰的各区地图由名为 scotland$spatial.polygon 的 SpatialPolygons 对象给出 (见图 6.1).

```
map <- scotland$spatial.polygon
plot(map)
```

图 6.1 苏格兰各区地图

map 不包含有关坐标参考系统 (Coordinate Reference System, CRS) 的信息, 因此我们通过将相应的 proj4 字符串分配给地图来指定 CRS. 该地图位于投影 OSGB 1936/British National Grid 中, 其 EPSG 代码为 27700. 此投影的 proj4 字符串可以在 https://spatialreference.org/ref/epsg/27700/proj4/ 中看到或者用如下方式在 R 中获得:

```
codes <- rgdal::make_EPSG()
codes[which(codes$code == "27700"), ]
```

我们将这个 proj4 字符串分配给 map 并设置 +units=km, 这是地图投影的单位.

```
proj4string(map) <- "+proj=tmerc +lat_0=49 +lon_0=-2
+k=0.9996012717 +x_0=400000 +y_0=-100000 +datum=OSGB36
+units=km +no_defs"
```

我们希望使用 **leaflet** 包来创建地图. **leaflet** 期望使用 WGS84 以纬度和经度指定数据, 由此我们将 map 转换为该投影, 如下所示:

```
map <- spTransform(map,
                   CRS("+proj=longlat +datum=WGS84 +no_defs"))
```

6.2 数据准备

为了分析数据, 我们创建了一个名为 d 的数据框, 其列包含各区标识、观测的和预期的唇癌病例数、AFF 值和 SIR. 具体来说, d 包含以下列:

- county: 各区的标识;
- Y: 各区的唇癌病例观测数目;
- E: 各区的唇癌病例期望数目;
- AFF: 从事农业、渔业或林业的人口比例;
- SIR: 各区的 SIR.

我们通过选择 scotland$data 的列来创建数据框 d, 这些列表示区、观察到的病例数、预期病例数和变量 AFF. 然后我们将数据框的列名设置为 c("county", "Y", "E", "AFF").

```
d <- scotland$data[,c("county.names", "cases", "expected", "AFF")]
names(d) <- c("county", "Y", "E", "AFF")
```

请注意, 在此示例中, 数据中给出了预期病例数. 如果预期病例数不可用, 我们可以使用间接标准化来计算它们, 如第 5 章所示. 然后, 我们可以计算 SIR 值, 为观察到的唇癌病例数与预期唇癌病例数之比.

```
d$SIR <- d$Y / d$E
```

d 的前几行如下所示:

```
head(d)
```

```
          county  Y   E  AFF   SIR
1 skye-lochalsh   9 1.4 0.16 6.429
2 banff-buchan   39 8.7 0.16 4.483
3    caithness   11 3.0 0.10 3.667
```

```
4  berwickshire   9 2.5 0.24 3.600
5 ross-cromarty 15 4.3 0.10 3.488
6        orkney   8 2.4 0.24 3.333
```

6.2.1 在地图上添加数据

苏格兰的区地图由名为 map 的 SpatialPolygons 对象给出. 我们可以使用 sapply()
函数来查看对应于区名的多边形 ID 槽值.

```
sapply(slot(map, "polygons"), function(x){slot(x, "ID")})
```

```
 [1] "skye-lochalsh" "banff-buchan"  "caithness"
 [4] "berwickshire"  "ross-cromarty" "orkney"
 [7] "moray"         "shetland"      "lochaber"
[10] "gordon"        "western.isles" "sutherland"
[13] "nairn"         "wigtown"       "NE.fife"
[16] "kincardine"    "badenoch"      "ettrick"
[19] "inverness"     "roxburgh"      "angus"
[22] "aberdeen"      "argyll-bute"   "clydesdale"
[25] "kirkcaldy"     "dunfermline"   "nithsdale"
[28] "east.lothian"  "perth-kinross" "west.lothian"
[31] "cumnock-doon"  "stewartry"     "midlothian"
[34] "stirling"      "kyle-carrick"  "inverclyde"
[37] "cunninghame"   "monklands"     "dumbarton"
[40] "clydebank"     "renfrew"       "falkirk"
[43] "clackmannan"   "motherwell"    "edinburgh"
[46] "kilmarnock"    "east.kilbride" "hamilton"
[49] "glasgow"       "dundee"        "cumbernauld"
[52] "bearsden"      "eastwood"      "strathkelvin"
[55] "tweeddale"     "annandale"
```

使用 SpatialPolygons 对象 map 和数据框 d, 可以创建一个 SpatialPolygons-
DataFrame, 我们将使用它来构建 d 中变量的映射. 首先通过将 d 的行名设置为 d$county
来创建 SpatialPolygonsDataFrame. 然后将 SpatialPolygons 对象 map 和与
SpatialPolygons 多边形 ID 槽值匹配的数据框 d 通过数据框行名称进行匹配与合
并 (match.ID = TRUE). 我们将获得的 SpatialPolygonsDataFrame 称为 map, 其中包
含苏格兰区和数据框 d 的数据.

```
library(sp)
rownames(d) <- d$county
map <- SpatialPolygonsDataFrame(map, d, match.ID = TRUE)
```

我们可以通过输入 head(map@data) 查看数据的第一部分. 这里第一列对应数据的
行名, 其余列对应变量 county, Y, E, AFF 和 SIR.

```
head(map@data)
```

```
                          county   Y   E  AFF    SIR
skye-lochalsh skye-lochalsh   9 1.4 0.16 6.429
banff-buchan     banff-buchan  39 8.7 0.16 4.483
caithness           caithness  11 3.0 0.10 3.667
berwickshire     berwickshire   9 2.5 0.24 3.600
ross-cromarty ross-cromarty  15 4.3 0.10 3.488
orkney                 orkney   8 2.4 0.24 3.333
```

6.3　绘制 SIR 地图

我们可以使用 **leaflet** 包在交互式等值线图 (choropleth map) 中可视化观测的和预期的唇癌病例、SIR 以及 AFF 值. 我们使用 SIR 创建一个地图, 首先调用 `leaflet()` 并使用 `addTiles()` 将默认的 OpenStreetMap 地图图块添加到地图中. 然后用 `addPolygons()` 添加苏格兰各区, 其中可以指定区域边界颜色 (`color`) 和笔画宽度 (`weight`). 我们用由 `colorNumeric()` 生成的调色板函数给出的颜色填充区域, 并将 `fillOpacity` 设置为小于 1 的值以便能够看到背景图. 我们使用 `colorNumeric()` 创建一个调色板函数, 根据给定的调色板将数据值映射到颜色. 我们使用参数 `palette`(即将数值映射到颜色函数) 以及 `domain` (即可映射的可能值) 创建此函数. 最后, 我们通过指定调色板函数 (`pal`) 以及用于从调色板函数生成颜色的值 (`values`) 来添加图例. 我们将 `opacity` 设置为与地图中的透明度相同的值, 并指定图例的标题和位置 (见图 6.2).

```
library(leaflet)
l <- leaflet(map) %>% addTiles()

pal <- colorNumeric(palette = "YlOrRd", domain = map$SIR)

l %>%
  addPolygons(
    color = "grey", weight = 1,
    fillColor = ~ pal(SIR), fillOpacity = 0.5
  ) %>%
  addLegend(
    pal = pal, values = ~SIR, opacity = 0.5,
    title = "SIR", position = "bottomright"
  )
```

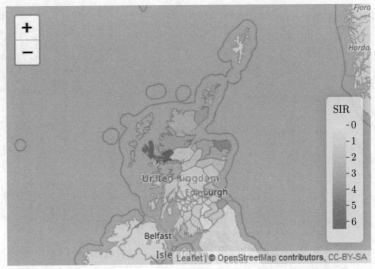

图 6.2 使用 **leaflet** 创建的苏格兰各区唇癌 SIR 交互式地图

我们可以通过当鼠标悬停时突出显示这些区来改进地图, 并显示观察到的和预期的病例数、SIR 和 AFF 值的信息. 这可通过将参数 `highlightOptions`, `label` 和 `labelOptions` 添加到 `addPolygons()` 来做到. 我们选择使用 `highlightOptions`(`weight = 4`) 突出显示区域. 我们使用 HTML 语法创建标签: 首先使用函数 `sprintf()` 创建要显示的文本, 该函数返回包含文本和变量值的格式化组合的字符向量, 然后应用 `htmltools::HTML()` 将文本标记为 HTML. 在 `labelOptions` 中我们指定标签的 `style`, `textsize` 和 `direction`. `direction` 的可能值是 `left`, `right` 和 `auto`, 它们指定了标签相对于标记显示的方向. 在此我们将 `direction` 设置为 `auto`, 也就是根据标记的位置选择最佳方向.

```
labels <- sprintf("<strong> %s </strong> <br/>
  Observed: %s <br/> Expected: %s <br/>
  AFF: %s <br/> SIR: %s",
  map$county, map$Y, round(map$E, 2),
  map$AFF, round(map$SIR, 2)
) %>%
  lapply(htmltools::HTML)

l %>%
  addPolygons(
    color = "grey", weight = 1,
    fillColor = ~ pal(SIR), fillOpacity = 0.5,
    highlightOptions = highlightOptions(weight = 4),
    label = labels,
    labelOptions = labelOptions(
```

```
    style = list(
      "font-weight" = "normal",
      padding = "3px 8px"
    ),
    textsize = "15px", direction = "auto"
  )
) %>%
addLegend(
  pal = pal, values = ~SIR, opacity = 0.5,
  title = "SIR", position = "bottomright"
)
```

我们可以查看一下 SIR 地图, 看看苏格兰哪些区的 SIR 等于 1, 这表示观察到的病例数与预期病例数相同, 哪些区的 SIR 大于 (或小于) 1, 表示观察到的病例数大于 (或小于) 预期病例数. 这张地图显示了整个苏格兰的唇癌风险. 然而, 在人口较少的区, SIR 可能具有误导性且不够可靠. 相比之下, 基于模型的方法能够结合协变量并从邻近区借用信息以改进局部估计, 从而基于小样本量对极值进行平滑处理. 在下一节中, 我们将展示如何使用 **R-INLA** 包中的空间模型来获得疾病风险估计.

6.4　建模

在本节中, 我们设定数据的模型, 并详细说明拟合模型所需的步骤, 然后使用 **R-INLA** 获得疾病风险估计.

6.4.1 模型

我们指定一个模型, 假设观察到的病例数 Y_i 条件独立且服从泊松分布:

$$Y_i \sim Po(E_i\theta_i), \ i = 1, \ldots, n,$$

其中 E_i 是预期病例数, θ_i 是区域 i 中的相对风险. θ_i 的对数表示为

$$\log(\theta_i) = \beta_0 + \beta_1 \times AFF_i + u_i + v_i,$$

其中 β_0 是代表总体风险的截距, β_1 是协变量 AFF 的系数, u_i 是用 CAR 分布建模的空间结构化随机效应, $u_i|\boldsymbol{u}_{-i} \sim N\left(\bar{u}_{\delta_i}, \frac{\sigma_u^2}{n_{\delta_i}}\right)$, v_i 是定义为 $v_i \sim N(0, \sigma_v^2)$ 的非结构化空间效应. 相对风险 θ_i 量化了区域 i 是否具有比标准人群的平均风险更高 $(\theta_i > 1)$ 或更低 $(\theta_i < 1)$ 的风险.

6.4.2 邻域矩阵

我们使用 **spdep** 包 (Bivand, 2019) 的 `poly2nb()` 和 `nb2INLA()` 函数创建定义空间随机效应所需的邻域矩阵. 首先, 我们根据具有连续边界的区域使用 `poly2nb()` 创建

邻域列表. 列表 nb 的每个元素代表一个区域并包含其邻域的索引. 例如, nb[[2]] 包含的是区域 2 的邻居.

```
library(spdep)
library(INLA)
nb <- poly2nb(map)
head(nb)
```

```
[[1]]
[1]  5  9 19

[[2]]
[1]  7 10

[[3]]
[1] 12

[[4]]
[1] 18 20 28

[[5]]
[1]  1 12 19

[[6]]
[1] 0
```

然后, 我们使用函数 nb2INLA() 将此列表转换为满足 **R-INLA** 要求的用邻域矩阵表示的文件. 之后我们使用 **R-INLA** 的 inla.read.graph() 函数读取文件, 并将其存储在对象 g 中, 稍后我们将使用它来定义空间随机效应.

```
nb2INLA("map.adj", nb)
g <- inla.read.graph(filename = "map.adj")
```

6.4.3 使用 INLA 进行推断

该模型包括两个随机效应: u_i 用于空间残差变化的建模, v_i 用于非结构化噪声的建模. 我们需要在数据中包含两个向量来表示这些随机效应的索引. 我们称 idareau 为 u_i 的索引向量, 而 idareav 为 v_i 的索引向量. 我们令 idareau 和 idareav 等于 $1, \ldots, n$, 其中 n 是区的数量. 在我们的示例中, $n=56$, 这可以通过数据中的行数 (nrow(map@data)) 获得.

```
map$idareau <- 1:nrow(map@data)
map$idareav <- 1:nrow(map@data)
```

我们通过在左侧包含响应变量以及在右侧包含固定和随机效应来定义模型公式. 响应变量是 Y, 协变量为 AFF, 随机效应是使用 f() 定义的, 其参数等于索引变量的名称和所选模型. 对于 u_i, 我们使用 model = "besag", 其中的邻域矩阵由 g 给出. 我们还使用选项 scale.model = TRUE 来使具有不同 CAR 先验的模型的精度参数具有可比性 (Freni-Sterrantino 等, 2018). 对于 v_i, 我们选择 model = "iid".

```
formula <- Y ~ AFF +
  f(idareau, model = "besag", graph = g, scale.model = TRUE) +
  f(idareav, model = "iid")
```

我们通过调用 inla() 函数来拟合模型, 需要指定公式、分布族 ("poisson")、数据和预期病例数 (E). 还需要通过设置 control.predictor 为 list(compute = TRUE) 来计算预测的后验.

```
res <- inla(formula,
  family = "poisson", data = map@data,
  E = E, control.predictor = list(compute = TRUE)
)
```

6.4.4 结果

我们可以由 summary(res) 来查看结果对象 res.

```
summary(res)
```

```
Fixed effects:
            mean     sd 0.025quant 0.5quant
(Intercept) -0.305 0.1195    -0.5386  -0.3055
AFF          4.330 1.2766     1.7435   4.3562
            0.975quant    mode kld
(Intercept)    -0.0684 -0.3067   0
AFF             6.7702  4.4080   0

Random effects:
Name       Model
 idareau    Besags ICAR model
 idareav    IID model

Model hyperparameters:
                         mean       sd 0.025quant
Precision for idareau    4.15    1.449      2.022
Precision for idareav 19340.52 19386.226  1347.042
                     0.5quant 0.975quant     mode
Precision for idareau   3.914      7.629    3.486
```

```
Precision for idareav 13601.004   70979.161 3679.387

Expected number of effective parameters(std dev): 28.54(3.533)
Number of equivalent replicates : 1.962

Marginal log-Likelihood:  -189.69
```

我们观察到截距 $\hat{\beta}_0 = -0.305$, 其 95% 可信区间为 $(-0.5386, -0.0684)$, AFF 的系数为 $\hat{\beta}_1 = 4.330$, 其 95% 可信区间为 $(1.7435, 6.7702)$. 这表明 AFF 会增加患唇癌的风险. 我们可以首先通过 inla.smarginal() 计算 AFF 系数的边际分布的平滑值, 然后使用 **ggplot2** 包的 ggplot() 函数来绘制 AFF 系数的后验分布 (见图 6.3).

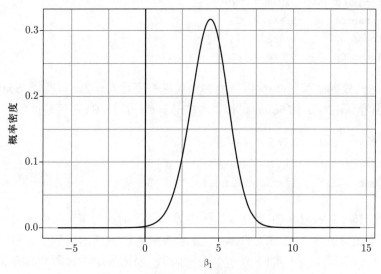

图 6.3　协变量 AFF 系数的后验分布

```
library(ggplot2)
marginal <- inla.smarginal(res$marginals.fixed$AFF)
marginal <- data.frame(marginal)
ggplot(marginal, aes(x = x, y = y)) + geom_line() +
  labs(x = expression(beta[1]), y = " 概率密度") +
  geom_vline(xintercept = 0, col = "black") + theme_bw()
```

6.5　相对风险地图绘制

每个区的唇癌相对风险及其不确定性的估计值由对象 res$summary.fitted.values 中包含的平均后验和 95% 可信区间给出. mean 列是后验平均值, 0.025quant 和 0.975quant 分别是 2.5% 和 97.5% 分位数.

```
head(res$summary.fitted.values)
```

	mean	sd	0.025quant	0.5quant
fitted.Predictor.01	4.964	1.4515	2.643	4.788
fitted.Predictor.02	4.396	0.6752	3.172	4.362
fitted.Predictor.03	3.621	1.0170	1.919	3.524
fitted.Predictor.04	3.083	0.8950	1.627	2.982
fitted.Predictor.05	3.329	0.7501	2.042	3.266
fitted.Predictor.06	2.975	0.9195	1.491	2.869

	0.975quant	mode
fitted.Predictor.01	8.294	4.449
fitted.Predictor.02	5.817	4.295
fitted.Predictor.03	5.884	3.336
fitted.Predictor.04	5.113	2.789
fitted.Predictor.05	4.973	3.144
fitted.Predictor.06	5.070	2.666

我们将这些数据添加到 map 以便能够创建这些变量的映射. 我们将 mean 分配给相对风险的估计值, 并将 0.025quant 和 0.975quant 分配给 95% 可信区间的上下限.

```
map$RR <- res$summary.fitted.values[, "mean"]
map$LL <- res$summary.fitted.values[, "0.025quant"]
map$UL <- res$summary.fitted.values[, "0.975quant"]
```

然后, 我们使用 leaflet 在交互式地图中显示唇癌的相对风险. 在地图中, 我们添加了当鼠标悬停在这些区上时出现的标签, 显示观测的和预期的病例数、SIR、AFF 值、相对风险以及 95% 可信区间的下限和上限的信息. 创建的地图如图 6.4 所示. 我们观察到唇癌风险较高的区位于苏格兰北部, 风险较低的区位于中部. 95% 可信区间表明风险估计的不确定性.

```
pal <- colorNumeric(palette = "YlOrRd", domain = map$RR)

labels <- sprintf("<strong> %s </strong> <br/>
  Observed: %s <br/> Expected: %s <br/>
  AFF: %s <br/> SIR: %s <br/> RR: %s (%s, %s)",
  map$county, map$Y, round(map$E, 2),
  map$AFF, round(map$SIR, 2), round(map$RR, 2),
  round(map$LL, 2), round(map$UL, 2)
) %>% lapply(htmltools::HTML)

lRR <- leaflet(map) %>%
  addTiles() %>%
```

```
addPolygons(
  color = "grey", weight = 1, fillColor = ~ pal(RR),
  fillOpacity = 0.5,
  highlightOptions = highlightOptions(weight = 4),
  label = labels,
  labelOptions = labelOptions(
    style =
      list(
        "font-weight" = "normal",
        padding = "3px 8px"
      ),
    textsize = "15px", direction = "auto"
  )
) %>%
addLegend(
  pal = pal, values = ~RR, opacity = 0.5, title = "RR",
  position = "bottomright"
)
lRR
```

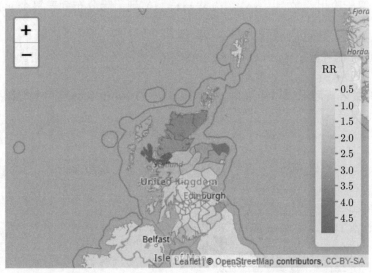

图 6.4　使用 **leaflet** 创建的苏格兰各区唇癌相对风险交互式地图

6.6　超额概率

我们还可以计算相对风险估计值大于给定阈值的概率. 这些概率称为超额概率, 用于评估疾病风险的异常升高. 区域 i 的相对风险高于值 c 的概率可以表示为 $P(\theta_i > c)$.

这个概率可以通过将 1 减去 $P(\theta_i \leqslant c)$ 来计算, 如下所示:

$$P(\theta_i > c) = 1 - P(\theta_i \leqslant c).$$

在 **R-INLA** 中, 概率 $P(\theta_i \leqslant c)$ 可以使用 `inla.pmarginal()` 函数计算, 其参数等于 θ_i 和阈值 c. 然后, 可以通过将 1 减去此概率来计算超额概率 $P(\theta_i > c)$:

```
1 - inla.pmarginal(q = c, marginal = marg)
```

其中 `marg` 是预测的边际分布, `c` 是阈值.

相对风险的边际分布在列表 `res$marginals.fitted.values` 中给出, 第一个区对应的边际是 `res$marginals.fitted.values[[1]]`. 在本示例中, 可以计算第一个区的相对风险超过 2 的概率, $P(\theta_1 > 2)$, 如下所示:

```
marg <- res$marginals.fitted.values[[1]]
1 - inla.pmarginal(q = 2, marginal = marg)
```

```
[1] 0.9975
```

为了计算所有区的超额概率, 我们可以使用 `sapply()` 函数, 其中的参数为所有区的边际列表 (`res$marginals.fitted.values`), 接着使用函数 (`1- inla.pmarginal()`) 计算超额概率. `sapply()` 返回一个与列表 `res$marginals.fitted.values` 长度相同的向量, 其值等于应用函数 `1- inla.pmarginal()` 到边际分布列表每个元素的结果.

```
exc <- sapply(res$marginals.fitted.values,
FUN = function(marg){1 - inla.pmarginal(q = 2, marginal = marg)})
```

然后我们可以将超额概率添加到 `map` 中, 并使用 **leaflet** 创建一个超额概率的映射.

```
map$exc <- exc
```

```
pal <- colorNumeric(palette = "YlOrRd", domain = map$exc)

labels <- sprintf("<strong> %s </strong> <br/>
  Observed: %s <br/> Expected: %s <br/>
  AFF: %s <br/> SIR: %s <br/> RR: %s (%s, %s) <br/> P(RR>2): %s",
  map$county, map$Y, round(map$E, 2),
  map$AFF, round(map$SIR, 2), round(map$RR, 2),
  round(map$LL, 2), round(map$UL, 2), round(map$exc, 2)
) %>% lapply(htmltools::HTML)

lexc <- leaflet(map) %>%
  addTiles() %>%
```

```
addPolygons(
  color = "grey", weight = 1, fillColor = ~ pal(exc),
  fillOpacity = 0.5,
  highlightOptions = highlightOptions(weight = 4),
  label = labels,
  labelOptions = labelOptions(
    style =
      list(
        "font-weight" = "normal",
        padding = "3px 8px"
      ),
    textsize = "15px", direction = "auto"
  )
) %>%
addLegend(
  pal = pal, values = ~exc, opacity = 0.5, title = "P(RR>2)",
  position = "bottomright"
)
lexc
```

图 6.5 显示了超额概率的地图, 该地图提供了个别区域内超额风险的证据. 在概率接近 1 的区域, 相对风险很可能超过 2, 概率接近 0 的区域对应于相对风险不太可能超过 2 的区域. 概率在 0.5 左右的区域具有最高的不确定性, 并对应于相对风险等概率低于或高于 2 的区域. 我们观察到苏格兰北部的区是相对风险最有可能超过 2 的区.

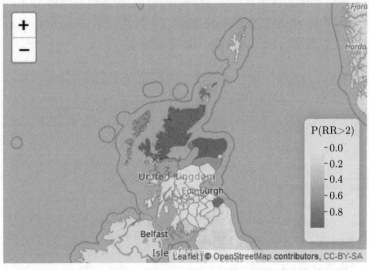

图 6.5   使用 **leaflet** 创建的苏格兰各区的超额概率交互式地图

第 7 章

区域数据的时空建模:
俄亥俄州肺癌数据

在这一章中, 我们将使用 **R-INLA** 软件包 (Rue 等, 2018) 估计美国俄亥俄州从 1968 年到 1988 年的肺癌风险. 肺癌数据和俄亥俄州地图从 **SpatialEpiApp** 软件包 (Moraga, 2017a) 中获得. 首先, 我们将展示如何使用间接标准化和标准化发病率 (SIR) 计算预期病例数. 然后, 我们拟合一个贝叶斯时空模型, 以获得俄亥俄州的每个县和各年份的疾病风险估计. 我们还将展示如何使用 **ggplot2** 软件包 (Wickham 等, 2019a) 和 **plotly** 软件包 (Sievert 等, 2019) 创建标准化发病率和疾病风险估计的静态和交互式地图及时间图, 以及如何使用 **gganimate** 软件包 (Pedersen 和 D. Robinson, 2019) 生成显示每年疾病风险的动画地图.

7.1 数据和地图

我们在本章中使用的肺癌数据和俄亥俄州地图可以从 **SpatialEpiApp** 软件包中获得. 该软件包中 SpatialEpiApp/data/Ohio 文件夹中的 dataohiocomplete.csv 文件包含了 1968 年至 1988 年俄亥俄州各县按性别和种族分层的肺癌病例和人口. 我们可以使用 system.file() 函数在 **SpatialEpiApp** 软件包中找到文件 dataohiocomplete.csv 的全名. 然后, 我们可以使用 read.csv() 函数读取数据.

```
library(SpatialEpiApp)
namecsv <- "SpatialEpiApp/data/Ohio/dataohiocomplete.csv"
dohio <- read.csv(system.file(namecsv, package = "SpatialEpiApp"))
head(dohio)
```

```
  county gender race year y    n  NAME
1      1      1    1 1968 6  8912 Adams
2      1      1    1 1969 5  9139 Adams
3      1      1    1 1970 8  9455 Adams
4      1      1    1 1971 5  9876 Adams
5      1      1    1 1972 8 10281 Adams
6      1      1    1 1973 5 10876 Adams
```

俄亥俄州各县的文件在 **SpatialEpiApp** 软件包的 SpatialEpiApp/data/Ohio/fe _2007_39_county 文件夹中. 我们可以使用 **rgdal** 软件包的 readOGR() 函数来读取文件, 该函数指定文件的完整路径 (见图 7.1).

```
library(rgdal)
library(sf)


nameshp <- system.file(
"SpatialEpiApp/data/Ohio/fe_2007_39_county/fe_2007_39_county.shp",
package = "SpatialEpiApp")
map <- readOGR(nameshp, verbose = FALSE)


plot(map)
```

图 7.1　俄亥俄州各县地图

7.2　数据准备

这些数据包含了 1968 年至 1988 年俄亥俄州各县肺癌病例数以及按性别和种族分层的人口数. 在此, 我们计算了每个县和各年份的观察病例数、预期病例数以及标准化发病率, 并创建了一个包含以下变量的数据框:

- county: 县级单位名称;
- year: 年份;
- Y: 各县和年份的观察病例数;
- E: 各县和年份的预期病例数;
- SIR: 各县和年份的标准化发病率.

7.2.1 观察到的病例

我们将各县和各年的数据 dohio 进行汇总, 相加得到各县和各年所有分层的病例数. 为此, 我们使用 aggregate() 函数, 其中指定病例的向量, 设置分组元素的列表为 list(county = dohio$NAME, year = dohio$year), 并将 sum 函数应用于数据子集. 我们还将返回数据框的名称设置为 county, year 和 Y.

```
d <- aggregate(
  x = dohio$y,
  by = list(county = dohio$NAME, year = dohio$year),
  FUN = sum
)
names(d) <- c("county", "year", "Y")
head(d)
```

```
    county year   Y
1    Adams 1968   6
2    Allen 1968  32
3  Ashland 1968  15
4 Ashtabula 1968  27
5   Athens 1968  12
6  Auglaize 1968   7
```

7.2.2 预期的病例数

现在我们使用 **SpatialEpi** 软件包的 expected() 函数来计算使用间接标准化方法得到的预期病例数量. 这个函数的参数是每个层和年份的人口数和病例数以及层数. 人口和病例的向量需要先按地区和年份进行排序, 在每个地区和年份内, 所有层的数量需要按相同的顺序列出. 对于某些没有病例的层, 我们仍然需要写入 0 个病例来包含它们.

我们根据 expected() 函数的要求, 对数据 dohio 的值进行排序. 为此我们使用 order() 函数来指定要按县、年份、性别和种族排序.

```
dohio <- dohio[order(
  dohio$county,
  dohio$year,
  dohio$gender,
  dohio$race
), ]
```

我们可以检查已排序数据的前几行, 确认它们是否按我们的意愿排序.

```
dohio[1:20, ]
```

	county	gender	race	year	y	n	NAME
1	1	1	1	1968	6	8912	Adams
22	1	1	2	1968	0	24	Adams
43	1	2	1	1968	0	8994	Adams
64	1	2	2	1968	0	22	Adams
2	1	1	1	1969	5	9139	Adams
23	1	1	2	1969	0	20	Adams
44	1	2	1	1969	0	9289	Adams
65	1	2	2	1969	0	24	Adams
3	1	1	1	1970	8	9455	Adams
24	1	1	2	1970	0	18	Adams
45	1	2	1	1970	1	9550	Adams
66	1	2	2	1970	0	24	Adams
4	1	1	1	1971	5	9876	Adams
25	1	1	2	1971	0	20	Adams
46	1	2	1	1971	1	9991	Adams
67	1	2	2	1971	0	27	Adams
5	1	1	1	1972	8	10281	Adams
26	1	1	2	1972	0	23	Adams
47	1	2	1	1972	2	10379	Adams
68	1	2	2	1972	0	31	Adams

现在, 我们使用 expected() 函数并指定 population = dohio\$n 和 cases = dohio\$y 来计算预期病例数. 数据按 2 个种族和 2 个性别分层, 因此层数为 $2 \times 2 = 4$.

```
library(SpatialEpi)
n.strata <- 4
E <- expected(
  population = dohio$n,
  cases = dohio$y,
  n.strata = n.strata
)
```

现在创建一个名为 dE 的数据框, 其中包含每个县和各年份的预期病例数. 数据框 dE 由表示县 (county)、年份 (year) 和期望病例数 (E) 的列组成. E 中元素对应的县由 unique(dohio\$NAME) 给出, 年份由 unique(dohio\$year) 给出. 具体地说, E 中县由县的每个元素重复 nyears 次得到, 其中 nyears 为年数. 这可以通过设置 each 参数由 rep() 函数来计算得到.

```
nyears <- length(unique(dohio$year))
countiesE <- rep(unique(dohio$NAME),
                 each = nyears)
```

　　E 的年份由年份的整个向量重复 ncounties 次得到, 其中 ncounties 是县的数量.
这可以通过设置 times 参数由 rep() 函数来计算得到.

```
ncounties <- length(unique(dohio$NAME))
yearsE <- rep(unique(dohio$year),
              times = ncounties)

dE <- data.frame(county = countiesE, year = yearsE, E = E)

head(dE)
```

```
  county year     E
1  Adams 1968  8.279
2  Adams 1969  8.502
3  Adams 1970  8.779
4  Adams 1971  9.175
5  Adams 1972  9.549
6  Adams 1973 10.100
```

　　我们之前构建的数据框 d 包含县、年份和病例数. 我们通过使用 merge() 函数按
county 和 year 合并数据框 d 和 dE, 将预期病例数添加到 d 中.

```
d <- merge(d, dE, by = c("county", "year"))
head(d)
```

```
  county year  Y     E
1  Adams 1968  6  8.279
2  Adams 1969  5  8.502
3  Adams 1970  9  8.779
4  Adams 1971  6  9.175
5  Adams 1972 10  9.549
6  Adams 1973  7 10.100
```

7.2.3 标准化发病率

　　我们将 i 县和 j 年的标准化发病率计算为 $\mathrm{SIR}_{ij} = Y_{ij}/E_{ij}$, 其中 Y_{ij} 为观察到的病
例数, E_{ij} 为研究期间根据俄亥俄州总人口获得的预期病例数.

```
d$SIR <- d$Y / d$E
head(d)
```

```
  county year  Y     E    SIR
1  Adams 1968  6  8.279 0.7248
2  Adams 1969  5  8.502 0.5881
```

```
3   Adams 1970   9   8.779 1.0251
4   Adams 1971   6   9.175 0.6539
5   Adams 1972 10   9.549 1.0473
6   Adams 1973   7 10.100 0.6931
```

SIR_{ij} 量化了 i 县和 j 年的病例数发生率是否高于 $(\text{SIR}_{ij} > 1)$、等于 $(\text{SIR}_{ij} = 1)$ 或低于 $(\text{SIR}_{ij} < 1)$ 预期的病例数.

7.2.4 在地图添上加数据

现在我们将包含肺癌数据的数据 d 添加到 map 对象中. 为此, 我们需要将长格式的数据 d 转换为宽格式. 数据 d 包含 county, year, Y, E 和 SIR 变量. 我们需要将数据重塑为宽格式, 其中第一列是 county, 其余各列分别表示观察到的病例数、预期病例数和各年的标准化发病率. 我们可以通过设置以下参数由 reshape() 函数来实现:

- data: 数据 d;
- timevar: 长格式中的变量名称, 对应于宽格式中的多个变量 (year);
- idvar: 长格式中的变量名称, 用于识别同一组的多条记录 (county);
- direction: 字符串等于 "wide" 时将数据重塑为宽格式.

```
dw <- reshape(d,
  timevar = "year",
  idvar = "county",
  direction = "wide"
)


dw[1:2, ]
```

```
   county Y.1968 E.1968 SIR.1968 Y.1969 E.1969
1   Adams     6   8.279   0.7248     5  8.502
22  Allen    32  51.037   0.6270    33 50.956
   SIR.1969 Y.1970 E.1970 SIR.1970 Y.1971 E.1971
1    0.5881     9  8.779   1.0251     6  9.175
22   0.6476    39 50.901   0.7662    44 51.217
   SIR.1971 Y.1972 E.1972 SIR.1972 Y.1973 E.1973
1    0.6539    10  9.549   1.0473     7  10.10
22   0.8591    36 50.803   0.7086    38  50.65
   SIR.1973 Y.1974 E.1974 SIR.1974 Y.1975 E.1975
1    0.6931    12  10.41   1.1533    12  10.26
22   0.7502    41  50.80   0.8071    35  50.83
   SIR.1975 Y.1976 E.1976 SIR.1976 Y.1977 E.1977
1    1.1701    10  10.68    0.936     7  10.86
22   0.6886    54  50.31    1.073    63  50.64
   SIR.1977 Y.1978 E.1978 SIR.1978 Y.1979 E.1979
```

```
1    0.6445     13   11.02    1.1797       5   11.03
22   1.2442     42   50.34    0.8343      76   51.04
     SIR.1979 Y.1980 E.1980 SIR.1980 Y.1981 E.1981
1    0.4534     14   11.19    1.2510      12   11.34
22   1.4891     46   51.23    0.8979      53   51.20
     SIR.1981 Y.1982 E.1982 SIR.1982 Y.1983 E.1983
1    1.059      15   11.32    1.3256       9   11.20
22   1.035      47   50.34    0.9336      62   49.94
     SIR.1983 Y.1984 E.1984 SIR.1984 Y.1985 E.1985
1    0.8037     12   11.15    1.076       20   11.20
22   1.2416     69   50.39    1.369       53   50.56
     SIR.1985 Y.1986 E.1986 SIR.1986 Y.1987 E.1987
1    1.785      12   11.36    1.057       16   11.58
22   1.048      65   50.79    1.280       69   51.14
     SIR.1987 Y.1988 E.1988 SIR.1988
1    1.381      15   11.72    1.28
22   1.349      58   51.34    1.13
```

然后, 我们使用 sp 软件包的 merge() 函数将 SpatialPolygonsDataFrame 对象 map 和宽格式的数据框 dw 合并. 我们按照 map 中的列 NAME 和 dw 中的列 county 进行合并.

```
map@data[1:2, ]
```

```
  STATEFP COUNTYFP COUNTYNS CNTYIDFP    NAME
0    39      011    <NA>     39011 Auglaize
1    39      033    <NA>     39033 Crawford
          NAMELSAD LSAD CLASSFP MTFCC UR FUNCSTAT
0 Auglaize County   06     H1 G4020  M        A
1 Crawford County   06     H1 G4020  M        A
```

```
map <- merge(map, dw, by.x = "NAME", by.y = "county")
```

```
map@data[1:2, ]
```

```
        NAME STATEFP COUNTYFP COUNTYNS CNTYIDFP
6   Auglaize      39      011    <NA>     39011
17  Crawford      39      033    <NA>     39033
          NAMELSAD LSAD CLASSFP MTFCC UR FUNCSTAT
6  Auglaize County   06     H1 G4020  M        A
17 Crawford County   06     H1 G4020  M        A
    Y.1968 E.1968 SIR.1968 Y.1969 E.1969 SIR.1969
6       7  17.26   0.4055     10  17.40   0.5748
17     14  22.13   0.6327     19  22.59   0.8411
```

	Y.1970	E.1970	SIR.1970	Y.1971	E.1971	SIR.1971
6	8	17.57	0.4554	16	17.89	0.8943
17	27	22.98	1.1749	13	23.58	0.5514
	Y.1972	E.1972	SIR.1972	Y.1973	E.1973	SIR.1973
6	6	18.05	0.3324	15	18.45	0.8128
17	18	23.46	0.7673	18	23.64	0.7615
	Y.1974	E.1974	SIR.1974	Y.1975	E.1975	SIR.1975
6	12	18.70	0.6416	12	19.42	0.6179
17	13	23.46	0.5542	24	23.31	1.0296
	Y.1976	E.1976	SIR.1976	Y.1977	E.1977	SIR.1977
6	20	18.89	1.058	18	18.99	0.948
17	25	23.31	1.073	17	23.16	0.734
	Y.1978	E.1978	SIR.1978	Y.1979	E.1979	SIR.1979
6	11	19.23	0.572	18	19.44	0.9261
17	30	23.40	1.282	23	23.10	0.9958
	Y.1980	E.1980	SIR.1980	Y.1981	E.1981	SIR.1981
6	17	19.44	0.8744	20	19.55	1.023
17	28	22.69	1.2343	21	22.70	0.925
	Y.1982	E.1982	SIR.1982	Y.1983	E.1983	SIR.1983
6	23	19.60	1.173	16	19.51	0.8203
17	37	22.47	1.647	21	22.11	0.9498
	Y.1984	E.1984	SIR.1984	Y.1985	E.1985	SIR.1985
6	35	19.78	1.769	22	19.88	1.107
17	26	22.39	1.161	35	22.37	1.564
	Y.1986	E.1986	SIR.1986	Y.1987	E.1987	SIR.1987
6	23	19.94	1.154	19	20.08	0.946
17	30	22.16	1.354	24	22.18	1.082
	Y.1988	E.1988	SIR.1988			
6	22	20.20	1.089			
17	31	22.13	1.401			

7.3 绘制 SIR 地图

对象 map 包含了俄亥俄州每个县在各年份的标准化发病率. 我们使用 ggplot() 和 geom_sf() 绘制 SIR 地图. 首先, 我们将 SpatialPolygonsDataFrame 类型的对象 map 转换为 sf 类型的对象.

```
map_sf <- st_as_sf(map)
```

我们使用 facet_wrap() 函数来绘制每年的地图, 并将它们放在同一个图中. 为了使用 facet_wrap(), 我们需要将数据转换为长格式, 这样它就有一个包含我们想要绘制变量 (SIR) 的列 value, 以及一个指定年份的列 key. 我们可以使用 tidyr 软件包 (Wickham 和 Henry, 2019) 的 gather() 函数将数据从宽格式转换为长格式. gather()

的参数如下:

- `data`: 数据对象;
- `key`: 新的 `key` 列的名称;
- `value`: 新的 `value` 列的名称;
- `...`: 含有数值的列的名称;
- `factor_key`: 逻辑值, 表示是否将新的 `key` 列作为一个因子而不是字符向量来处理. (默认值为 `FALSE`).

```
library(tidyr)
map_sf <- gather(map_sf, year, SIR, paste0("SIR.", 1968:1988))
```

`map_sf` 的列 `year` 包含了 SIR.1968, ..., SIR.1988. 我们使用 `substring()` 函数将这些值设定为 1968, ..., 1988 年. 我们还使用 `as.integer()` 函数将这些值转换为整数.

```
map_sf$year <- as.integer(substring(map_sf$year, 5, 8))
```

现在我们用 `ggplot()` 和 `geom_sf()` 来绘制 SIR 地图. 我们将数据按年分割, 并使用 `facet_wrap()` 将每年的地图放在一起, 其中传递的参数有: 以年来划分 (`~ year`), 水平移动 (`dir = "h"`), 以及用 7 列来换行 (`ncol = 7`). 然后, 我们用 `ggtitle()` 给出标题, 使用经典的明暗主题 `theme_bw()`, 并通过指定主题元素 `element_blank()` 来消除地图中的轴和刻度. 我们决定使用 `scale_fill_gradient2()` 将 SIR 小于 1 的县用蓝白渐变的颜色填充, 将 SIR 大于 1 的县用白红渐变的颜色填充 (见图 7.2).

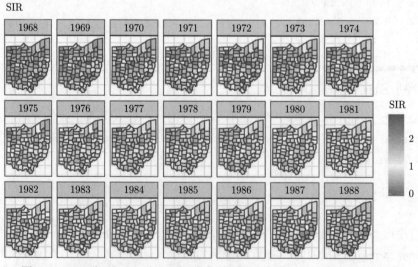

图 7.2   1968 年到 1988 年用不同色标绘制的俄亥俄州各县肺癌 SIR 地图

```
library(ggplot2)
ggplot(map_sf) + geom_sf(aes(fill = SIR)) +
  facet_wrap(~year, dir = "h", ncol = 7) +
  ggtitle("SIR") + theme_bw() +
  theme(
    axis.text.x = element_blank(),
    axis.text.y = element_blank(),
    axis.ticks = element_blank()
  ) +
  scale_fill_gradient2(
    midpoint = 1, low = "blue", mid = "white", high = "red"
  )
```

7.4 SIR 时间图

现在, 我们使用 ggplot() 函数绘制每个县随时间变化的 SIR 图. 我们使用数据 d, 它包含 county, year, Y, E 和 SIR 列. 在 aes() 中, 我们指定 x 轴为 year, y 轴为 SIR, 分组变量为 county. 在 aes() 中, 我们还设置 color = county, 来按条件变量 county 对线条着色 (见图 7.3).

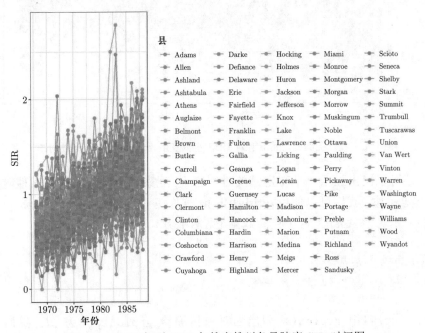

图 7.3 1968 年到 1988 年俄亥俄州各县肺癌 SIR 时间图

```
g <- ggplot(d, aes(x = year, y = SIR,
                    group = county, color = county)) +
  geom_line() + geom_point(size = 2) +
  labs(x = " 年份", color = " 县")+ theme_bw()
g
```

我们观察到, 图例占据了图片的很大一部分. 我们可以通过添加 `theme(legend.position = "none")` 删除图例 (见图 7.4) .

```
g <- g + theme(legend.position = "none")
g
```

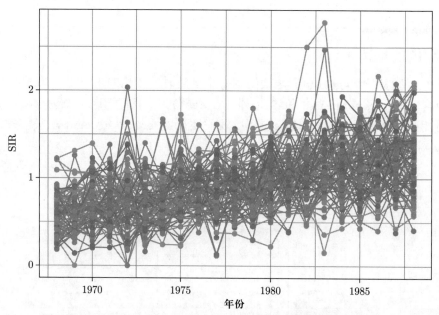

图 7.4   没有图例的 1968 年到 1988 年俄亥俄州各县肺癌 SIR 时间图

我们还可以突出显示一个特定县的时间序列, 观察这个时间序列与其他时间序列的对比情况. 例如, 我们可以使用 **gghighlight** 软件包 (Yutani, 2018) 的 `gghighlight()` 函数高亮显示名为 Adams 这个县的数据 (见图 7.5).

```
library(gghighlight)
g + gghighlight(county == "Adams")
```

最后, 通过将由 `ggplot()` 创建的对象传递给 `ggplotly()` 函数, 我们可以将 **ggplot** 对象转换为 **plotly** 软件包的交互式图像.

```
library(plotly)
ggplotly(g)
```

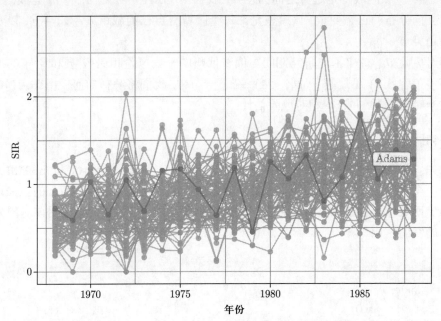

图 7.5 高亮显示 Adams 县的 1968 年到 1988 年俄亥俄州各县肺癌 SIR 时间序列图

这些地图和时间图显示了哪些县和年份的发病率高于或低于预期. 具体来说, SIR = 1 表示观察病例数与预期病例数相等, SIR > 1 (SIR < 1) 表示观察病例数高于 (低于) 预期病例数. 对于病例少和/或人口较少的地区来说, SIR 可能具有误导性, 而且不够可靠. 因此, 最好使用基于模型的方法来获得疾病风险估计, 这种方法可以纳入协变量, 并考虑到空间和时空相关性. 在下一节中, 我们将展示如何获取基于模型的疾病风险估计.

7.5 建模

在这里, 我们定义一个时空模型, 并详细说明使用 **R-INLA** 获得疾病风险估计所需的步骤.

7.5.1 模型

我们用 Bernardinelli 模型 (Bernardinelli 等, 1995) 估计了俄亥俄州每个县和年份的肺癌相对风险. 该模型假设在 i 县和 j 年观测到的病例数 Y_{ij} 为

$$Y_{ij} \sim Po(E_{ij}\theta_{ij}),$$

其中 Y_{ij} 是观察到的病例数, E_{ij} 是预期病例数, θ_{ij} 是 i 县和 j 年的相对风险. $\log(\theta_{ij})$ 表示为几个部分的总和, 包括考虑到空间和时空相关性的空间和时间结构

$$\log(\theta_{ij}) = \alpha + u_i + v_i + (\beta + \delta_i) \times t_j,$$

其中 α 是截距, $u_i + v_i$ 是区域随机效应, β 是全局线性趋势效应, δ_i 是时空交互作用, 代表全局趋势 β 和区域特定趋势之间的差异. 我们用 CAR 分布对 u_i 和 δ_i 建模, 并将 v_i 作为独立同分布的正态变量. 该模型允许每个区域有自己的截距 $\alpha + u_i + v_i$, 以及自己的线性趋势 $\beta + \delta_i$.

相对风险 θ_{ij} 量化了在研究期间与俄亥俄州的平均风险相比, i 县和 j 年的疾病风险是高了 $(\theta_{ij} > 1)$ 还是低了 $(\theta_{ij} < 1)$. 在下一节中, 我们将解释如何使用 **R-INLA** 来定义这个时空模型, 并获得相对风险估计.

7.5.2 邻域矩阵

首先, 我们通过使用 **spdep** 软件包 (Bivand, 2019) 的 `poly2nb()` 和 `nb2INLA()` 函数创建一个定义空间随机效应所需的邻域矩阵. 然后, 我们使用 **R-INLA** 的 `inla.read.graph()` 函数读取创建的文件, 并将其存储在对象 `g` 中, 稍后我们将使用该对象来指定模型中的空间结构.

```
library(INLA)
library(spdep)
nb <- poly2nb(map)
head(nb)
```

```
[[1]]
[1] 26 55 71 72 80 85

[[2]]
[1] 19 35 42 70 82 86

[[3]]
[1]  5  8 16 25 30 59 69

[[4]]
[1] 14 27 28 34 49 51

[[5]]
[1]  3 16 29 30 44

[[6]]
[1] 11 12 83 84
```

```
nb2INLA("map.adj", nb)
g <- inla.read.graph(filename = "map.adj")
```

7.5.3 使用 INLA 进行推断

接下来, 我们创建县和年份的索引向量, 用于定义模型的随机效应:

- `idarea` 是带有县索引的向量, 由元素 1 到 88 (区域的数量) 组成.
- `idtime` 是带有年份索引的向量, 由元素 1 到 21 (年份的数量) 组成.

我们还通过复制 `idarea` 来创建第二个县的索引向量 (`idarea1`). 我们这样做是因为我们需要在两个不同的随机效应中使用区域的索引向量, 而在 **R-INLA** 中变量只能与 `f()` 函数关联一次.

```
d$idarea <- as.numeric(d$county)
d$idarea1 <- d$idarea
d$idtime <- 1 + d$year - min(d$year)
```

现在我们写出与 Bernardinelli 模型

$$Y_{ij} \sim Po(E_{ij}\theta_{ij}),$$

$$\log(\theta_{ij}) = \alpha + u_i + v_i + (\beta + \delta_i) \times t_j.$$

对应的公式:

```
formula <- Y ~ f(idarea, model = "bym", graph = g) +
  f(idarea1, idtime, model = "iid") + idtime
```

在此公式中, 默认包含截距 α, `f(idarea, model = "bym", graph = g)` 对应于 $u_i + v_i$, `f(idarea1, idtime, model = "iid")` 对应于 $\delta_i \times t_j$, `idtime` 表示 $\beta \times t_j$. 最后, 我们调用 `inla()` 指定公式、族、数据和预期病例数. 我们还将 `control.predictor` 设置为 `list(compute = TRUE)`, 以计算预测因子的后验平均值.

```
res <- inla(formula,
  family = "poisson", data = d, E = E,
  control.predictor = list(compute = TRUE)
)
```

7.6 绘制相对风险地图

我们将相对风险估计和 95% 可信区间的上下限添加到数据框 `d` 中. 相对风险后验的汇总在数据框 `res$summary.fitted.values` 中. 我们将 `mean` 赋值给相对风险估计值, 将 `0.025quant` 和 `0.975quant` 赋值给 95% 可信区间的上下限.

```
d$RR <- res$summary.fitted.values[, "mean"]
d$LL <- res$summary.fitted.values[, "0.025quant"]
d$UL <- res$summary.fitted.values[, "0.975quant"]
```

为了绘制相对风险图, 我们首先将 map_sf 与 d 合并, 因此 map_sf 中有列 RR, LL 和 UL.

```
map_sf <- merge(
  map_sf, d,
  by.x = c("NAME", "year"),
  by.y = c("county", "year")
)
```

然后, 我们使用 ggplot() 绘制地图, 显示每年的相对风险和 95% 可信区间的上下限. 例如, 可以如下绘制出相对风险图 (见图 7.6):

```
ggplot(map_sf) + geom_sf(aes(fill = RR)) +
  facet_wrap(~year, dir = "h", ncol = 7) +
  ggtitle("RR") + theme_bw() +
  theme(
    axis.text.x = element_blank(),
    axis.text.y = element_blank(),
    axis.ticks = element_blank()
  ) +
  scale_fill_gradient2(
    midpoint = 1, low = "blue", mid = "white", high = "red"
  )
```

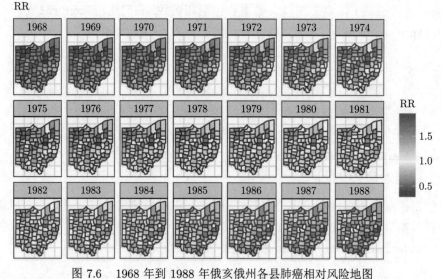

图 7.6   1968 年到 1988 年俄亥俄州各县肺癌相对风险地图

请注意, 除了平均值和 95% 可信区间外, 我们还可以计算相对风险超过给定阈值的概率, 这可以识别疾病风险异常升高的县. 第 4 章、第 6 章和第 9 章给出了计算超额概率的例子.

我们还可以使用 **gganimate** 软件包创建动画地图, 显示每年的相对风险. 要使用这个软件包创建动画, 我们使用 `ggplot()` 创建一个地图, 然后添加 `transition_time()` 或 `transition_states()` 来根据变量 `year` 绘制数据地图, 并在不同帧之间制作动画. 我们还需要添加一个标题, 使用 `labs()` 和 **glue** 软件包 (Hester, 2019) 的语法来表示每一帧对应的年份. 例如, 我们可以创建一个动画来显示各个县和年份的相对风险, 如下所示:

```
library(gganimate)
ggplot(map_sf) + geom_sf(aes(fill = RR)) +
  theme_bw() +
  theme(
    axis.text.x = element_blank(),
    axis.text.y = element_blank(),
    axis.ticks = element_blank()
  ) +
  scale_fill_gradient2(
    midpoint = 1, low = "blue", mid = "white", high = "red"
  ) +
  transition_time(year) +
  labs(title = "Year: {round(frame_time, 0)}")
```

为了保存动画, 我们可以使用 **anim_save()** 函数, 它默认保存为 `gif` 类型的文件. **gganimate** 的其他选项可以在软件包的网站[1]上查看到.

---

1) https://gganimate.com/

第 8 章

地理统计数据

地理统计数据是在特定地点收集的关于空间上连续现象的测量结果. 例如, 这种类型的数据可以代表在特定村庄通过调查测量的疾病风险, 在几个监测站记录的污染物水平, 以及放置在不同地点的捕蚊器测量的造成疾病传播的蚊子密度 (Waller 和 Gotway, 2004). 假设 $Z(s_1), \ldots, Z(s_n)$ 是空间变量 Z 在位置 $s_1, \ldots, s_n$ 处的观测值. 在许多情况下, 地理统计数据被认为是一个随机过程的部分观测

$$\{Z(s) : s \in D \subset \mathbb{R}^2\},$$

其中 D 是 $\mathbb{R}^2$ 的一个固定子集, 空间索引 s 在整个 D 中连续变化. 过程 $Z(\cdot)$ 很多时候只能在有限的位置集合上观察到. 基于这种局部观测, 我们试图推断产生观测数据的空间过程的特征, 如过程的均值和变异性. 这些特征对于预测未观测位置的过程和构建研究变量的空间连续曲面是很有用的.

8.1 高斯随机场

高斯随机场 (GRF) $\{Z(s) : s \in D \subset \mathbb{R}^2\}$ 是一个随机变量的集合, 其中观测值出现在一个连续域中, 并且有限个随机变量的集合都服从一个多元正态分布. 如果一个随机过程 $Z(\cdot)$ 对位移是不变的, 则称它是严平稳的, 也就是说, 如果对于任何一组位置 s_i, $i = 1, \ldots, n$ 和任意的 $h \in \mathbb{R}^2$, $\{Z(s_1), \ldots, Z(s_n)\}$ 的分布与 $\{Z(s_1 + h), \ldots, Z(s_n + h)\}$ 的相同. 二阶平稳 (或弱平稳) 的条件没那么严. 在此条件下, 过程的均值为常数

$$E[Z(s)] = \mu, \forall s \in D,$$

且协方差只取决于位置之间的差异

$$\mathrm{Cov}(Z(s), Z(s + h)) = C(h), \forall s \in D, \forall h \in \mathbb{R}^2.$$

此外, 如果协方差只是位置之间距离的函数, 而不是方向的函数, 则该过程被称为是各向同性的. 如果不是, 则它是各向异性的. 一个过程被称为是本质平稳的 (intrinsically stationary), 当它除了满足常均值假设外还满足

$$Var[Z(s_i) - Z(s_j)] = 2\gamma(s_i - s_j), \forall s_i, s_j.$$

$2\gamma(\cdot)$ 函数被称为变异函数 (variogram), $\gamma(\cdot)$ 被称为半变异函数 (semivariogram)(Cressie, 1993). 在本质平稳假设下, 常均值假设隐含了条件

$$2\gamma(h) = Var(Z(s + h) - Z(s)) = E[(Z(s + h) - Z(s))^2],$$

半变异函数可以很容易地用经验半变异函数来估计, 如下所示:

$$2\hat{\gamma}(\boldsymbol{h}) = \frac{1}{|N(\boldsymbol{h})|} \sum_{N(\boldsymbol{h})} (Z(\boldsymbol{s}_i) - Z(\boldsymbol{s}_j))^2,$$

其中 $|N(\boldsymbol{h})|$ 表示 $N(\boldsymbol{h}) = \{(\boldsymbol{s}_i, \boldsymbol{s}_j) : \boldsymbol{s}_i - \boldsymbol{s}_j = \boldsymbol{h}, \ i, j = 1, \dots, n\}$ 中不同对的个数. 注意, 如果过程是各向同性的, 那么半变异函数是距离 $h = \|\boldsymbol{h}\|$ 的函数.

　　分离距离与经验半变异函数的图传达了关于过程的连续性和空间变异性的重要信息 (见图 8.1). 通常在相对较短的距离下半变异函数很小, 并且倾向于随着距离的增加而增加, 这表明相距较近的观测结果往往比相距较远的观测结果更相似. 然后, 在一个较大的分离距离 (称为变程 (range)) 下, 半变异函数趋于一个几乎恒定的值 (称为基台 (sill)). 因此经验半变异函数图表明, 在变程内空间依赖性随距离的增加而衰减, 而在变程之外观测数据在空间上是不相关的, 这体现在一个接近恒定的方差上. 如果在起点处出现不连续或垂直跳跃, 则这个过程有块金效应 (nugget effect). 这种效应通常是由于测量误差造成的, 但也可能意味着是一个空间不连续的过程.

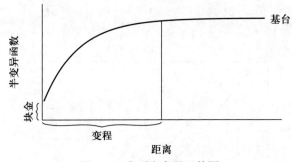

图 8.1　典型半变异函数图

　　经验半变异函数可以作为评估数据是否存在空间相关性的一种探索性工具. 此外我们可以将经验半变异函数与由固定位置处的数据随机排列后计算出的经验半变异函数的蒙特卡罗包络线进行比较 (Diggle 和 Ribeiro Jr., 2007). 如果经验半变异函数随着距离的增加而增加, 且位于蒙特卡罗包络线之外, 则表明存在空间相关性.

　　GRF 的协方差矩阵指定了它的相关结构, 它由协方差函数构造而成. 常见的协方差函数为指数模型和 Matérn 模型 (Gelfand 等, 2010). 对于位置 $\boldsymbol{s}_i$ 和 $\boldsymbol{s}_j \in \mathbb{R}^2$, 指数协方差函数为

$$\mathrm{Cov}(Z(\boldsymbol{s}_i), Z(\boldsymbol{s}_j)) = \sigma^2 \exp(-\kappa \|\boldsymbol{s}_i - \boldsymbol{s}_j\|),$$

其中 $\|\boldsymbol{s}_i - \boldsymbol{s}_j\|$ 表示位置 $\boldsymbol{s}_i$ 和 $\boldsymbol{s}_j$ 之间的距离, σ^2 表示空间场的方差, 参数 $\kappa > 0$ 控制相关性随距离衰减的速度.

　　Matérn 族代表了一类非常灵活的协方差函数类, 它自然地出现在许多科学领域 (Guttorp 和 Gneiting, 2006). Matérn 协方差函数定义为

$$\mathrm{Cov}(Z(\boldsymbol{s}_i), Z(\boldsymbol{s}_j)) = \frac{\sigma^2}{2^{\nu-1}\Gamma(\nu)} (\kappa \|\boldsymbol{s}_i - \boldsymbol{s}_j\|)^\nu K_\nu(\kappa \|\boldsymbol{s}_i - \boldsymbol{s}_j\|),$$

此处 σ^2 为空间场的边际方差, $K_\nu(\cdot)$ 为第二类修正 Bessel 函数, 阶数 $\nu > 0$. 整数值 ν 决定了过程的平方可微性, 并且由于它在应用中很难识别, 通常是固定的. 对于 $\nu = 1/2$, Matérn 协方差函数等价于指数协方差函数. $\kappa > 0$ 与变程 ρ 有关, ρ 是两点间的相关系数近似为 0 时的距离. 特别地, $\rho = \sqrt{8\nu}/\kappa$ 时该距离的空间相关性接近 0.1 (Cameletti 等, 2013). 指数和 Matérn 协方差函数的例子如图8.2所示.

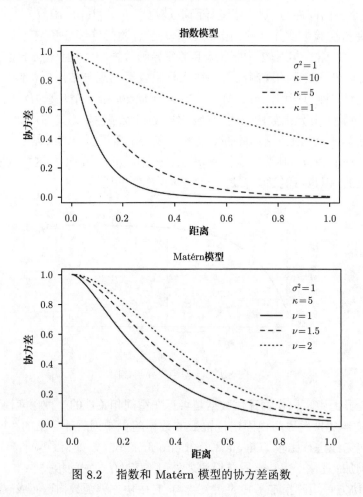

图 8.2　　指数和 Matérn 模型的协方差函数

8.2　随机偏微分方程法

在考虑地理统计数据时, 我们通常假设在观测数据的基础上存在一个空间连续变量, 其可以使用高斯随机场建模. 然后, 我们可以使用 **R-INLA** 软件包提供的随机偏微分方程 (SPDE) 方法来拟合空间模型, 并预测未采样位置处感兴趣的变量 (Lindgren 和 Rue, 2015). 如 Whittle (1963) 所示, 具有 Matérn 协方差矩阵的 GRF 可以表示为以下连续域 SPDE 的解:

$$(\kappa^2 - \Delta)^{\alpha/2}(\tau x(\boldsymbol{s})) = \mathcal{W}(\boldsymbol{s}),$$

这里 $x(s)$ 为高斯随机场, $\mathcal{W}(s)$ 为空间高斯白噪声过程. α 控制高斯随机场的平滑性, τ 控制方差, $\kappa > 0$ 是一个尺度参数. Δ 为拉普拉斯算子, 定义为 $\sum_{i=1}^{d} \frac{\partial^2}{\partial x_i^2}$, 其中 d 为空间域 D 的维数.

Matérn 协方差函数和 SPDE 参数之间的关系如下. Matérn 协方差函数的平滑参数 ν 和 SPDE 有如下关系

$$\nu = \alpha - \frac{d}{2},$$

边际方差 σ^2 通过下式与 SPDE 关联

$$\sigma^2 = \frac{\Gamma(\nu)}{\Gamma(\alpha)(4\pi)^{d/2}\kappa^{2\nu}\tau^2}.$$

对应于指数协方差函数的参数 $d = 2$ 和 $\nu = 1/2$, 参数 $\alpha = \nu + d/2 = 1/2 + 1 = 3/2$. 在 **R-INLA** 软件包中, 默认值是 $\alpha = 2$, 尽管也可以使用 $0 \leqslant \alpha < 2$.

使用有限元方法可以得到 SPDE 的近似解. 该方法将空间域 D 划分为一组不相交的三角形, 得到一个具有 n 个节点和 n 个基函数的三角网格. 基函数 $\psi_k(\cdot)$ 被定义为每个三角形上的分段线性函数, 在顶点 k 处等于 1, 在其他顶点处等于 0. 然后通过定义在三角网格上的有限基函数, 将连续索引高斯场 x 表示为离散索引高斯马尔可夫随机场 (GMRF)

$$x(s) = \sum_{k=1}^{n} \psi_k(s)x_k,$$

其中 n 为三角化顶点数, $\psi_k(\cdot)$ 为分段线性基函数, $\{x_k\}$ 为权重, 服从零均值高斯分布.

权重向量的联合分布为高斯分布 $\boldsymbol{x} = (x_1, \ldots, x_n) \sim N(\boldsymbol{0}, \boldsymbol{Q}^{-1}(\tau, \kappa))$, 它近似于网格节点中 SPDE 的解 $x(s)$, 基函数将近似的 $x(s)$ 从网格节点变换到其他感兴趣的空间位置.

8.3 巴西 Paraná 州降雨的空间模型

在本例中, 我们展示如何使用 **geoR** 软件包 (Ribeiro Jr 和 Diggle, 2018) 的数据来预测巴西 Paraná 州的降雨量. 数据 `parana` 包含了 Paraná 州 143 个记录站在 5—6 月期间不同年份的平均降雨量值. 具体来说, `parana$coords` 是一个带有记录站坐标的矩阵, `parana$data` 包含各站的降雨量值, `parana$border` 是一个定义 Paraná 州边界坐标的矩阵. 我们可以使用 **ggplot2** 软件包的 `ggplot()` 函数绘制每个记录站的降雨量值, 如下所示 (见图 8.3):

```
library(geoR)
library(ggplot2)

ggplot(data.frame(cbind(parana$coords, Rainfall = parana$data)))+
```

```
geom_point(aes(east, north, color = Rainfall), size = 2) +
coord_fixed(ratio = 1) +
scale_color_gradient(low = "blue", high = "orange") +
geom_path(data = data.frame(parana$border), aes(east, north)) +
labs(x = " 东经", y = " 北纬", color = " 降雨量")+
theme_bw()
```

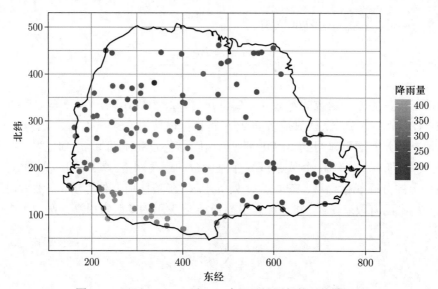

图 8.3   巴西 Paraná 州 143 个记录站测得的平均降雨量

8.3.1 模型

各记录站位置处的降雨量值可获得. 然而降雨在空间上是连续发生的, 我们可以使用地理统计模型来预测 Paraná 州其他位置处的降雨量值. 例如, 我们可以假设在位置 s_i 处降雨量 Y_i 服从均值为 μ_i 方差为 σ^2 的高斯分布. 均值 μ_i 表示为截距 β_0 和空间结构随机效应的和, 该随机效应遵循一个零均值高斯过程, 具有 Matérn 协方差函数:

$$Y_i \sim N(\mu_i, \sigma^2), \ i = 1, 2, \ldots, n,$$

$$\mu_i = \beta_0 + Z(s_i).$$

下面我们将描述使用 **R-INLA** 软件包中的 SPDE 方法来拟合这个模型的步骤.

8.3.2 网格构建

SPDE 方法通过定义研究区域的三角网格上的有限基函数, 将连续高斯场 $Z(\cdot)$ 近似为离散高斯马尔可夫随机场. 我们可以用 **R-INLA** 软件包的 `inla.mesh.2d()` 函数构建一个三角网格来实现这种近似. 这个函数的参数包括:

- `loc`: 用于初始网格顶点的位置坐标;
- `boundary`: 描述区域边界的对象;

- offset: 距离用于指定数据位置周围内部和外部扩展的大小;
- cutoff: 点与点之间的最小允许距离, 这是用来避免在位置聚集的周围建立许多小三角形;
- max.edge: 表示区域和扩展中可允许的三角形最大边长值.

在我们的例子中, 我们调用 inla.mesh.2d() 将 loc 设置为记录站坐标的矩阵 (coo). 然后, 我们指定 offset = c(50, 100) 以使这些位置周围的内部扩展大小为 50, 外部扩展大小为 100. 我们设置 cutoff = 1, 以避免在有一些非常接近的点的地方构建许多小三角形. 最后, 我们设置 max.edge = c(30, 60), 使得在区域内使用小三角形, 在扩展中使用大三角形. 得到的三角网格如图 8.4所示.

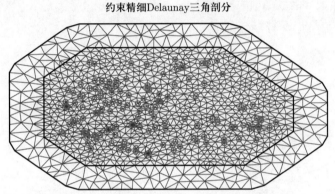

图 8.4　用来建立 SPDE 模型的三角网格

```
library(INLA)
coo <- parana$coords
summary(dist(coo))
```

```
   Min. 1st Qu.  Median    Mean 3rd Qu.    Max.
      1     144     231     244     334     620
```

```
mesh <- inla.mesh.2d(
  loc = coo, offset = c(50, 100),
  cutoff = 1, max.edge = c(30, 60)
)
plot(mesh, main="n")
title(" 约束精细 Delaunay 三角剖分", cex=0.5)
points(coo, col = "red")
```

三角网格的顶点数量可以通过 mesh$n 来查看.

```
mesh$n
```

```
[1] 1189
```

也可以使用研究区域的边界来构建网格. 例如, 我们可以使用 `inla.nonconvex.hull()` 函数为坐标构建一个非凸边界, 然后将其传递给 `inla.mesh.2d()` 来构建网格 (见图 8.5).

```
bnd <- inla.nonconvex.hull(coo)
meshb <- inla.mesh.2d(
  boundary = bnd, offset = c(50, 100),
  cutoff = 1, max.edge = c(30, 60)
)
plot(meshb, main="n")
title(" 约束精细 Delaunay 三角剖分", cex=0.5)
points(coo, col = "red")
```

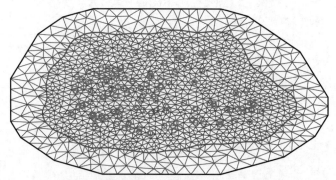

图 8.5　用来建立 SPDE 模型的非凸三角网格

8.3.3　在网格上建立 SPDE 模型

现在我们使用 `inla.spde2.matern()` 函数并向其传递 `mesh` 和 `alpha` 参数, 从而在网格上构建 SPDE 模型. 参数 `alpha` 与过程的平滑度参数有关, 即 $\alpha = \nu + d/2$. 在这个例子中, 我们设置平滑度参数 ν 等于 1, 在空间情况下 $d = 2$, 所以 `alpha=1+2/2=2`. 我们还设置 `constr = TRUE` 以施加一个积分到零的约束.

```
spde <- inla.spde2.matern(mesh = mesh, alpha = 2, constr = TRUE)
```

8.3.4　索引集

然后我们为 SPDE 模型生成索引集. 我们使用 `inla.spde.make.index()` 函数来实现这一点, 其中我们指定了效应名称 (s) 和 SPDE 模型中顶点的数量 (spde$n.spde).

```
indexs <- inla.spde.make.index("s", spde$n.spde)
```

8.3.5 投影矩阵

我们需要构建一个投影矩阵 A, 将高斯随机场从观测值投影到三角形顶点. 矩阵 A 的行数等于观测值的个数, 列数等于三角形顶点的数. A 的第 i 行对应于位置 s_i 处的观测值, 在对应于包含该位置的三角形顶点的列中可能有三个非零值. 如果 s_i 在三角形内, 则这些值等于重心坐标. 也就是说, 它们与由位置 s_i 和三角形顶点确定的三个子三角形的面积成正比, 且总和为 1. 如果 s_i 为三角形中的一个顶点, 则第 i 行在对应于这个顶点的列上只有一个非零值, 等于 1. 直观地说, 位于一个三角形内某个位置上的值 $Z(s)$ 是由三角形顶点形成的平面的投影, 其值以 s 作加权.

下面给出一个投影矩阵的例子. 这个投影矩阵将 n 个观测值投影到 G 个三角形顶点上. 矩阵的第一行对应于位置与顶点 3 重合的观测值. 第二行和最后一行对应于位置位于三角形内的观测值.

$$A = \begin{bmatrix} A_{11} & A_{12} & A_{13} & \cdots & A_{1G} \\ A_{21} & A_{22} & A_{23} & \cdots & A_{2G} \\ \vdots & \vdots & \vdots & & \vdots \\ A_{n1} & A_{n2} & A_{n3} & \cdots & A_{nG} \end{bmatrix} = \begin{bmatrix} 0 & 0 & 1 & \cdots & 0 \\ A_{21} & A_{22} & 0 & \cdots & A_{2G} \\ \vdots & \vdots & \vdots & & \vdots \\ A_{n1} & A_{n2} & A_{n3} & \cdots & 0 \end{bmatrix}$$

图8.6显示了位于三角形网格的一个三角形内的位置 s. s 处过程的值 $Z(\cdot)$ 表示为三角形各顶点处过程的值 $(Z_1, Z_2$ 和 $Z_3)$ 的加权平均, 其权重等于 T_1/T, T_2/T 和 T_3/T, 其中 T 表示包含 s 的大三角形的面积, T_1, T_2, T_3 为各子三角形的面积.

$$Z(s) \approx \frac{T_1}{T}Z_1 + \frac{T_2}{T}Z_2 + \frac{T_3}{T}Z_3.$$

R-INLA 提供了 `inla.spde.make.A()` 函数来轻松地构建投影矩阵 A. 我们通过使用 `inla.spde.make.A()` 来创建我们例子中的投影矩阵, 该函数传递了三角网格 `mesh` 和坐标 `coo`.

```
A <- inla.spde.make.A(mesh = mesh, loc = coo)
```

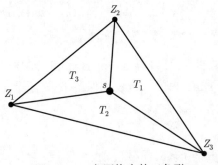

图 8.6　三角网格中的三角形

输入 `dim(A)`, 我们可以看到 A 的行数等于观测值的个数, 列数等于网格的顶点数 (`mesh$n`).

```
# 投影矩阵的维数
dim(A)
```

```
[1]   143 1189
```

```
# 观测次数
nrow(coo)
```

```
[1] 143
```

```
# 三角网格的顶点数
mesh$n
```

```
[1] 1189
```

我们还可以看到每一行的元素之和为 1.

```
rowSums(A)
```

```
  [1] 1 1 1 1 1 1 1 1 1 1 1 1 1 1 1 1 1 1 1 1 1 1 1 1 1
 [26] 1 1 1 1 1 1 1 1 1 1 1 1 1 1 1 1 1 1 1 1 1 1 1 1 1
 [51] 1 1 1 1 1 1 1 1 1 1 1 1 1 1 1 1 1 1 1 1 1 1 1 1 1
 [76] 1 1 1 1 1 1 1 1 1 1 1 1 1 1 1 1 1 1 1 1 1 1 1 1 1
[101] 1 1 1 1 1 1 1 1 1 1 1 1 1 1 1 1 1 1 1 1 1 1 1 1 1
[126] 1 1 1 1 1 1 1 1 1 1 1 1 1 1 1 1 1 1
```

8.3.6 预测数据

现在我们构建一个矩阵, 其中包含我们将预测降雨量值的位置的坐标. 首先, 我们使用 expand.grid() 并结合包含在 parana$border 范围内的坐标的向量 x 和 y, 构造一个名为 coop 的网格, 该网格包含 50×50 个位置.

```
bb <- bbox(parana$border)
x <- seq(bb[1, "min"] - 1, bb[1, "max"] + 1, length.out = 50)
y <- seq(bb[2, "min"] - 1, bb[2, "max"] + 1, length.out = 50)
coop <- as.matrix(expand.grid(x, y))
```

然后, 我们使用 **sp** 软件包 (Pebesma 和 Bivand, 2018) 的 point.in.polygon() 函数将仅位于 parana$border 内的 coop 点保留下来. 预测位置如图8.7所示.

```
ind <- point.in.polygon(
  coop[, 1], coop[, 2],
  parana$border[, 1], parana$border[, 2]
)
coop <- coop[which(ind == 1), ]
plot(coop, asp = 1)
```

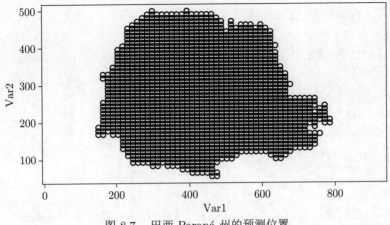

图 8.7　巴西 Paraná 州的预测位置

我们还使用带有参数 mesh 和 coop 的 inla.spde.make.A() 函数为预测位置创建一个投影矩阵.

```
Ap <- inla.spde.make.A(mesh = mesh, loc = coop)
dim(Ap)
```

```
[1] 1533 1189
```

8.3.7 用于估计和预测的数据堆栈

现在我们使用 inla.stack() 函数来组织数据、效应和投影矩阵. 我们使用以下参数:

- tag: 用于标识数据的字符串,
- data: 数据向量列表,
- A: 投影矩阵列表,
- effects: 带有固定和随机效应的列表.

我们构建了一个名为 stk.e 的堆栈, 其中有用于估计的数据, 我们用字符串 "est" 来标记它. 固定效应是截距项 (b0), 随机效应是空间高斯随机场 (s). 因此, 在 effects 中我们传递一个带有固定效应 data.frame 的列表, 以及一个包含 SPDE 对象的索引 (indexs) 的列表 s. A 被设置为一个列表, 其中第二个元素是 A, 即随机效应的投影矩阵, 第一个元素是 1, 表示固定效应一对一地映射到响应变量上. 在 data 中我们指定响应向量. 我们还构建了一个名为 stk.p 的预测堆栈. 该堆栈具有标签 "pred", 响应向量被设置为 NA, 数据被定义在预测位置上. 最后, 我们把 stk.e 和 stk.p 放在一个完整的堆栈 stk.full 中.

```
# 估计用堆栈 stk.e
stk.e <- inla.stack(
  tag = "est",
```

```
  data = list(y = parana$data),
  A = list(1, A),
  effects = list(data.frame(b0 = rep(1, nrow(coo))), s = indexs)
)


# 预测用堆栈 stk.p
stk.p <- inla.stack(
  tag = "pred",
  data = list(y = NA),
  A = list(1, Ap),
  effects = list(data.frame(b0 = rep(1, nrow(coop))), s = indexs)
)


# stk.full 包含 stk.e 和 stk.p
stk.full <- inla.stack(stk.e, stk.p)
```

8.3.8　模型公式

这个公式是通过在左边包含响应变量, 在右边包含固定和随机效应来指定的. 在公式中, 我们删除了截距 (加上 0) , 并将其作为协变量项添加到公式中 (添加 b0) .

```
formula <- y ~ 0 + b0 + f(s, model = spde)
```

8.3.9　调用 inla()

我们通过调用 inla() 并使用 **R-INLA** 中的默认先验参数来拟合模型. 我们指定公式、数据和选项. 在 control.predictor 中, 我们设置 compute = TRUE 来计算预测的后验值.

```
res <- inla(formula,
  data = inla.stack.data(stk.full),
  control.predictor = list(
    compute = TRUE,
    A = inla.stack.A(stk.full)
  )
)
```

8.3.10　结果

数据框 res$summary.fitted.values 中包含了预测值的均值、2.5% 和 97.5% 分位数. 与预测相对应的行索引可以通过 inla.stack.index() 函数获得, 方法是将 stk.full 传递给此函数并指定标签 "pred".

```
index <- inla.stack.index(stk.full, tag = "pred")$data
```

我们用后验均值建立变量 pred_mean, 用 95% 可信区间的上下限分别建立变量
pred_ll 和 pred_ul, 如下所示:

```
pred_mean <- res$summary.fitted.values[index, "mean"]
pred_ll <- res$summary.fitted.values[index, "0.025quant"]
pred_ul <- res$summary.fitted.values[index, "0.975quant"]
```

现在, 我们来创建预测降雨量的地图 (见图8.8) . 首先, 我们构建一个数据框, 其中
包含预测坐标, 以及预测值的平均值和 95% 可信区间的上下限.

```
dpm <- rbind(
  data.frame(
    east = coop[, 1], north = coop[, 2],
    value = pred_mean, variable = "pred_mean"
  ),
  data.frame(
    east = coop[, 1], north = coop[, 2],
    value = pred_ll, variable = "pred_ll"
  ),
  data.frame(
    east = coop[, 1], north = coop[, 2],
    value = pred_ul, variable = "pred_ul"
  )
)
dpm$variable <- as.factor(dpm$variable)
```

我们使用 ggplot() 创建地图. 我们使用 geom_tile() 在单元格中绘制降雨量预
测图, 并使用 facet_wrap() 在同一个图中显示三个地图. 我们还使用 coord_fixed
(ratio = 1) 来确保图中 x 轴上的一个单位与 y 轴上的一个单位长度相同. 最后, 我
们使用 scale_fill_gradient() 来指定一个色标, 该色标在蓝色 (low) 和橙色 (high)
之间形成一个连续的渐变色.

```
plot_names <- c("pred_ll"="95% 可信区间上限",
"pred_mean" = " 预测均值", "pred_ul" = "95% 可信区间下限")
ggplot(dpm) + geom_tile(aes(east, north, fill = value)) +
  facet_wrap(~variable, nrow = 1,
  labeller = as_labeller(plot_names) ) +
  coord_fixed(ratio = 1) +
```

```
scale_fill_gradient(
  name = " 降雨量",
  low = "blue", high = "orange"
) +
labs(x = " 东经", y = " 北纬")
theme_bw()
```

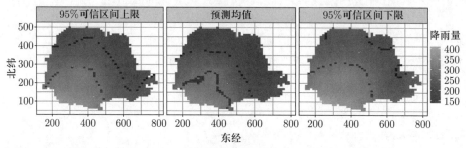

图 8.8   巴西 Paraná 州的降雨量预测和 95% 可信区间的上下限

8.3.11 投影空间场

向量 res$summary.random$s$mean 和 res$summary.random$s$sd 分别包含了网格节点处空间场的后验均值和后验标准差. 我们可以计算新位置的投影矩阵然后将投影矩阵乘以空间字段值, 再将这些值投影到不同的位置上. 例如, 我们可以计算由矩阵 newloc 给出的位置处的空间场的后验均值, 如下所示:

```
newloc <- cbind(c(219, 678, 818), c(20, 20, 160))
Aproj <- inla.spde.make.A(mesh, loc = newloc)
Aproj %*% res$summary.random$s$mean
```

```
3 x 1 Matrix of class "dgeMatrix"
        [,1]
[1,] 106.086
[2,]  -7.956
[3,] -12.065
```

我们也可以使用 inla.mesh.projector() 和 inla.mesh.project() 函数将空间场观测值投影到不同的位置上. 首先, 我们需要使用 inla.mesh.projector() 函数来计算新位置的投影矩阵. 我们可以在参数 loc 中指定位置, 也可以通过指定参数 xlim, ylim 和 dims 来计算网格上的位置. 例如, 我们使用 inla.mesh.projector() 来计算覆盖网格区域的网格上 300×300 个位置的投影矩阵.

```
rang <- apply(mesh$loc[, c(1, 2)], 2, range)
proj <- inla.mesh.projector(mesh,
```

```
xlim = rang[, 1], ylim = rang[, 2],
dims = c(300, 300)
)
```

然后, 我们使用 `inla.mesh.project()` 函数将网格节点处计算的空间场的后验均值和后验标准差投影到网格位置上.

```
mean_s <- inla.mesh.project(proj, res$summary.random$s$mean)
sd_s <- inla.mesh.project(proj, res$summary.random$s$sd)
```

我们可以使用 **ggplot2** 软件包绘制投影值. 首先, 我们用网格位置处的坐标和空间场观测值创建一个数据框. 网格位置处的坐标可以使用 `expand.grid()` 函数将 `proj$x` 和 `proj$y` 组合起来得到. 空间场的后验均值在矩阵 `mean_s` 中, 空间场的后验标准差值在矩阵 `sd_s` 中.

```
df <- expand.grid(x = proj$x, y = proj$y)
df$mean_s <- as.vector(mean_s)
df$sd_s <- as.vector(sd_s)
```

最后, 我们使用 `ggplot()` 和 `geom_raster()` 来创建包含空间场观测值的地图. 我们使用 **cowplot** 软件包 (Wilke, 2019) 的 `plot_grid()` 函数在网格上并排绘制地图 (见图 8.9).

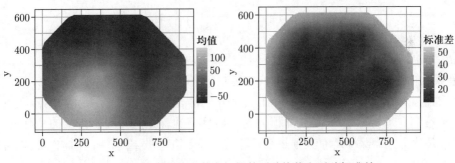

图 8.9　投影在网格上的空间场的后验均值和后验标准差

```
library(viridis)
library(cowplot)

gmean <- ggplot(df, aes(x = x, y = y, fill = mean_s)) +
  geom_raster() +
  scale_fill_viridis(name = " 均值", na.value = "transparent") +
  coord_fixed(ratio = 1) + theme_bw()
```

```
gsd <- ggplot(df, aes(x = x, y = y, fill = sd_s)) +
  geom_raster() +
  scale_fill_viridis(name = " 标准差", na.value = "transparent") +
  coord_fixed(ratio = 1) + theme_bw()

plot_grid(gmean, gsd)
```

8.4 用地理统计数据绘制疾病地图

低收入和中等收入国家通常进行疾病患病率调查, 以量化诸如疟疾和肺结核等疾病的风险, 并为预防和干预控制提供信息. 患病率调查仅提供特定地点的疾病信息; 然而, 疾病风险是一种空间上的连续现象, 需要对当地情况进行预测, 以便能够将资源用于最需要的地方. 基于模型的地理统计学可用于这种类型的数据, 在未取样的位置进行预测, 并构建展示疾病风险的连续的空间曲面 (Diggle 和 Ribeiro Jr., 2007). 这些模型将响应变量的变异性描述为对疾病传播有影响的一些因素的函数, 例如温度、降水或湿度, 以及可解释残差空间自相关性的空间效应.

当数据在一组位置 s_i $(i = 1, \dots, n)$ 处可获得时, 疾病患病率的预测可以在下面的假设下进行. 给定位置 s_i 处的真实患病率 $P(s_i)$, 抽取的 N_i 个人中检测为阳性的数量 Y_i 服从二项分布, 患病率的 logit 变换表示为协变量以及空间随机效应的总和:

$$Y_i|P(s_i) \sim \text{Binomial}(N_i, P(s_i)),$$

$$\text{logit}(P(s_i)) = \log\left(\frac{P(s_i)}{1 - P(s_i)}\right) = d_i\beta + Z(s_i),$$

此处 $d_i = (1, d_{i1}, \dots, d_{ip})$ 是由截距和 s_i 上的 p 个协变量所构成的向量, $\beta = (\beta_0, \beta_1, \dots, \beta_p)'$ 是系数向量, $Z(\cdot)$ 是一种空间结构化随机效应, 它服从一个具有 Matérn 协方差函数的零均值高斯过程. 系数 $\beta_j(j = 1, \dots, p)$ 可以解释为当保持所有其他协变量不变时, 与协变量 d_j 每增加一个单位相关的对数优势比 (log odds ratio) 的变化. 因此, $\exp(\beta_j)$ 是优势比. 保持所有其他协变量不变, 对于协变量 d_j 增加一个单位, 优势比会增加 $\exp(\beta_j)$.

该模型可以用 **R-INLA** 软件包的 SPDE 方法进行拟合. 首先, 我们构造一个三角网格和一个投影矩阵 A, 将高斯随机场从观测值投影到三角网格的顶点. 然后, 我们定义一个公式, 将阳性结果的数量 (y) 关联为协变量的总和 (cov1 + ... + covn), 并使用 f() 函数指定的随机效应, 其中的参数为索引变量 s 和模型 spde.

```
formula <- y ~ cov1 + ... + covn + f(s, model = spde)
```

最后, 我们用数据和投影矩阵构造一个堆栈, 并执行 inla() 函数, 其中指定公式、族 (binomial)、试验次数、数据和投影矩阵.

```
res <- inla(formula,
  family = "binomial", Ntrials = numtrials,
  data = inla.stack.data(stk.full),
  control.predictor = list(A = inla.stack.A(stk.full))
)
```

类似地, 时空模型可用于模拟疾病的时空变化. 在这些设置中, 我们可以假设在位置 s_i 处和 t 时刻采样的 N_{it} 人中测试结果为阳性的人数 Y_{it} 服从二项分布:

$$Y_{it}|P(s_i, t) \sim \text{Binomial}(N_{it}, P(s_i, t)),$$

患病率的 logit 变换可表示为

$$\text{logit}(P(s_i, t)) = d_{it}\beta + \xi(s_i, t),$$

其中 $d_{it}\beta$ 是固定效应, $\xi(s_i, t)$ 表示时空随机效应. **R-INLA** 可以拟合如下的模型

$$\xi(s_i, t) = a\xi(s_i, t-1) + w(s_i, t),$$

其中 $|a| < 1$ 且 $\xi(s_i, 1)$ 服从一阶自回归过程 (AR1) 的平稳分布, 即 $N(0, \sigma_w^2/(1-a^2))$. 每个 $w(s_i, t)$ 服从一个零均值的高斯分布, 在每个时间段都是独立的, 但在空间上是相关的. 在 **R-INLA** 中这个模型的公式可写为

```
formula <- y ~ cov1 + ... + covn +
  f(s, model = spde,
    group = s.group, control.group = list(model = "ar1")
  )
```

这里, y 是阳性结果的人数, cov1 + ... + covn 是协变量的总和, 随机效应由 f() 函数指定, 该函数的参数为索引变量 s、模型 spde、group(等于时间索引) 和 control.group = list(model = "ar1"). 这表明根据一阶自回归过程模型, 观测值在时间上是相关的, 并且在空间上取决于一个 spde 模型. 然后, 我们可以执行 inla() 函数, 其中需要我们提供公式、族 (binomial)、试验次数、数据和投影矩阵.

```
res <- inla(formula,
  family = "binomial", Ntrials = numtrials,
  data = inla.stack.data(stk.full),
  control.predictor = list(A = inla.stack.A(stk.full))
)
```

请注意, 空间和时空地理统计模型可用于其他类型的结果的建模, 例如可以用指数分布族中适当分布刻画的高斯数据或计数数据, 以及连接函数如高斯数据场合的恒等式变换和泊松数据场合的对数变换. 此外, 可以通过模型拓展来处理具有其他变异性的随机效应. 第 9 章和第 10 章提供了更多示例, 展示了如何在不同环境中拟合和解释空间和时空地理统计模型.

第 9 章

地理统计数据空间建模: 冈比亚疟疾数据

本章介绍如何使用随机微分方程 (SPDE) 方法和 **R-INLA** 软件包拟合一个地理统计数据模型以预测冈比亚的疟疾感染率. 我们使用了 **geoR** 软件包 (Ribeiro Jr 和 Diggle, 2018) 中 65 个冈比亚村庄的儿童疟疾感染率数据以及 **raster** 软件包 (Hijmans, 2019) 中的高分辨率空间协变量数据. 我们首先演示如何创建一个覆盖冈比亚的三角网、投影矩阵和数据堆栈以拟合模型. 然后, 我们介绍如何处理结果以预测疟疾感染率及其 95% 可信区间. 我们还介绍如何计算疟疾感染率大于特定阈值的超额概率. 最后, 通过 **leaflet** 软件包 (Cheng 等, 2018) 展示结果的交互式地图.

9.1 数据

首先加载 **geoR** 软件包中的 `gambia` 数据集. 该数据集包含了冈比亚 65 个村庄儿童疟疾感染率的信息.

```
library(geoR)
data(gambia)
```

接下来检查数据, 发现它是一个数据框, 包含 2035 个观测值和以下 8 个变量:
- x: 村庄横坐标 (UTM),
- y: 村庄纵坐标 (UTM),
- pos: 儿童血液样本中是 (1) 否 (0) 存在疟疾病毒,
- age: 儿童的年龄 (以天计算),
- netuse: 示性变量, 表示儿童是 (1) 否 (0) 经常睡在蚊帐中,
- treated: 示性变量, 表示蚊帐是 (1) 否 (0) 经过处理,
- green: 基于卫星测量的村庄周围的植被覆盖程度,
- phc: 示性变量, 表示村庄是 (1) 否 (0) 存在诊所.

```
head(gambia)
```

	x	y	pos	age	netuse	treated	green	phc
1850	349631	1458055	1	1783	0	0	40.85	1
1851	349631	1458055	0	404	1	0	40.85	1

1852	349631	1458055	0	452	1	0	40.85	1
1853	349631	1458055	1	566	1	0	40.85	1
1854	349631	1458055	0	598	1	0	40.85	1
1855	349631	1458055	1	590	1	0	40.85	1

9.2 数据准备

gambia 数据是以个体水平给出的. 这里, 我们想以村庄水平开展分析. 因此, 我们需要按村庄来整合数据. 我们将会创建一个新的数据框 d. 它的每一列包含一个村庄的经纬度、受测儿童总数、感染疟疾总数、疟疾感染率以及村庄的海拔.

9.2.1 感染率

我们看到 gambia 数据一共有 2035 行, 而其坐标列构成的矩阵仅包含 65 对唯一的坐标. 这说明 2035 个样本是在 65 个位置测量的.

```
dim(gambia)
```

```
[1] 2035    8
```

```
dim(unique(gambia[, c("x", "y")]))
```

```
[1] 65  2
```

我们创建一个新的数据框 d. 它包含每一个村庄的坐标 (x, y)、受测儿童总数 (total)、感染疟疾总数 (positive) 和疟疾感染率 (prev). 在数据集 gambia 中, 列 pos 表示是否感染疟疾. pos 为 1 表示感染疟疾, 0 表示未感染疟疾. 因此, 我们在村庄水平上通过对 gambia$pos 求和来获取每个村庄儿童感染疟疾总数. 然后, 我们计算每个村庄儿童的疟疾感染率 (每个村庄的感染疟疾总数除以受测儿童总数). 我们可以利用 **dplyr** 软件包通过下面过程创建数据框 d.

```
library(dplyr)
d <- group_by(gambia, x, y) %>%
  summarize(
    total = n(),
    positive = sum(pos),
    prev = positive / total
  )
head(d)
```

```
# A tibble: 6 x 5
# Groups:   x [6]
      x       y total positive  prev
  <dbl>   <dbl> <int>    <dbl> <dbl>
```

```
1 349631. 1458055        33          17 0.515
2 358543. 1460112        63          19 0.302
3 360308. 1460026        17           7 0.412
4 363796. 1496919        24           8 0.333
5 366400. 1460248        26          10 0.385
6 366688. 1463002        18           7 0.389
```

一个可替代 **dplyr** 软件包计算阳性感染数的方法是使用 aggregate() 函数创建数据框 d. 我们利用 aggregate() 函数计算每个村庄受测儿童总数 (total) 及其感染疟疾总数 (positive). 然后, 我们按村庄水平用 positive 除以 total 获得每个村庄儿童疟疾感染率. 最后, 加上每个村庄的坐标 x 和 y 构建数据框 d.

```
total <- aggregate(
  gambia$pos,
  by = list(gambia$x, gambia$y),
  FUN = length
)
positive <- aggregate(
  gambia$pos,
  by = list(gambia$x, gambia$y),
  FUN = sum
)
prev <- positive$x / total$x

d <- data.frame(
  x = total$Group.1,
  y = total$Group.2,
  total = total$x,
  positive = positive$x,
  prev = prev
)
```

9.2.2 坐标变换

现在, 我们可以使用 **leaflet** 软件包中的 leaflet() 函数绘制冈比亚的疟疾感染率地图. leaflet() 函数要求数据具有地理坐标 (经度/纬度). 然而, d 中的坐标是 UTM 格式的 (东经/北经). 我们要先使用 **sp** 软件包 (Pebesma 和 Bivand, 2018) 中的 spTransform() 函数把数据框 d 中的 UTM 坐标转换成地理坐标. 我们首先创建一个叫做 sps 的 SpatialPoints 对象. 它指定冈比亚的 UTM 投影区域为 28. 然后, 我们使用 spTransform() 函数通过设置 CRS 为 CRS("+proj=longlat +datum=WGS84") 把 sps 中的 UTM 坐标转换为地理坐标.

```
library(sp)
library(rgdal)
sps <- SpatialPoints(d[, c("x", "y")],
  proj4string = CRS("+proj=utm +zone=28")
)
spst <- spTransform(sps, CRS("+proj=longlat +datum=WGS84"))
```

最后, 我们把经纬度添加到数据框 d 中.

```
d[, c("long", "lat")] <- coordinates(spst)
head(d)
```

```
# A tibble: 6 x 7
# Groups:   x [6]
      x        y total positive   prev   long    lat
  <dbl>    <dbl> <int>    <dbl>  <dbl>  <dbl>  <dbl>
1 349631. 1458055    33       17 0.515  -16.4   13.2
2 358543. 1460112    63       19 0.302  -16.3   13.2
3 360308. 1460026    17        7 0.412  -16.3   13.2
4 363796. 1496919    24        8 0.333  -16.3   13.5
5 366400. 1460248    26       10 0.385  -16.2   13.2
6 366688. 1463002    18        7 0.389  -16.2   13.2
```

9.2.3 绘制感染率地图

现在, 我们使用 leaflet() 绘制疟疾感染率地图 (见图9.1). 我们使用 addCircles() 函数在地图上绘制圆圈, 圆圈的颜色对应疟疾感染率. 我们选择了一个 **viridis** 软件包中的调色板函数 colorBin() 把 "viridis" 颜色集在 0 到 1 上四等分. 我们使用图层 providers$CartoDB.Positron 以区分背景地图和点的颜色. 我们还使用了 addScaleBar() 添加一个刻度化的图例.

```
library(leaflet)
library(viridis)

pal <- colorBin("viridis", bins = c(0, 0.25, 0.5, 0.75, 1))
leaflet(d) %>%
  addProviderTiles(providers$CartoDB.Positron) %>%
  addCircles(lng = ~long, lat = ~lat, color = ~ pal(prev)) %>%
  addLegend("bottomright",
    pal = pal, values = ~prev,
    title = " 感染率"
  ) %>%
  addScaleBar(position = c("bottomleft"))
```

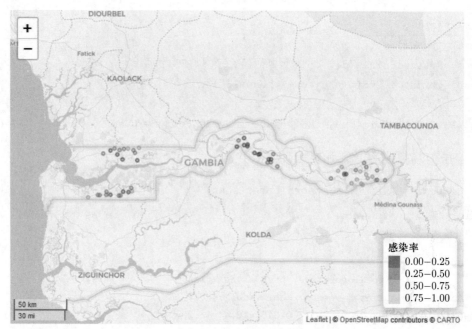

图 9.1   冈比亚疟疾感染率

9.2.4 环境协变量

我们在对冈比亚儿童疟疾感染率建模时使用冈比亚的海拔作为一个协变量. 该协变量可以使用 **raster** 软件包中的 `getData()` 函数获得. 这个软件包可以获得全球任何地方的地理数据. 为了获得冈比亚的海拔数据, 我们需调用 `getData()` 函数并设置下面三个参数:

- `name`: 数据名称, 此处等于 `"alt"`,
- `country`: 国家, 此处等于由三个字母组成的冈比亚的国际标准化组织 (ISO) 代码 (`GMB`),
- `mask`: 此处等于 `TRUE` 以设置周边国家缺失值 NA.

```
library(raster)
r <- getData(name = "alt", country = "GMB", mask = TRUE)
```

我们可以使用 **leaflet** 软件包中的 `addRasterImage()` 函数绘制一个带有海拔的地图. 为此, 我们使用一个调色板函数 `pal`, 它的值为 `values(r)`, NA 值表示为透明的 (见图 9.2).

```
pal <- colorNumeric("viridis", values(r),
  na.color = "transparent"
)

leaflet() %>%
```

```
addProviderTiles(providers$CartoDB.Positron) %>%
addRasterImage(r, colors = pal, opacity = 0.5) %>%
addLegend("bottomright",
  pal = pal, values = values(r),
  title = " 海拔"
) %>%
addScaleBar(position = c("bottomleft"))
```

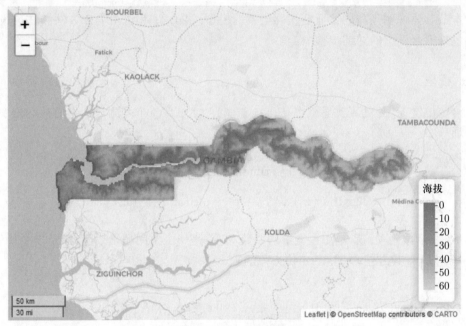

图 9.2　冈比亚海拔地图

现在, 我们在数据框 d 中添加每个村庄对应的海拔值. 我们使用 **raster** 软件包中的 extract() 函数提取每个村庄的海拔值. 该函数的第一个参数是海拔栅格 (r). 第二个参数是村庄坐标构成的两列矩阵 d[, c("long", "lat")]. 我们把提取的海拔值分配给数据框 d 中的新列 alt.

```
d$alt <- raster::extract(r, d[, c("long", "lat")])
```

最后的数据集如下:

```
head(d)
```

```
# A tibble: 6 x 8
# Groups:   x [6]
      x      y total positive  prev  long   lat   alt
  <dbl>  <dbl> <int>    <dbl> <dbl> <dbl> <dbl> <dbl>
```

1	349631.	1.46e6	33	17	0.515	-16.4	13.2	14
2	358543.	1.46e6	63	19	0.302	-16.3	13.2	30
3	360308.	1.46e6	17	7	0.412	-16.3	13.2	32
4	363796.	1.50e6	24	8	0.333	-16.3	13.5	20
5	366400.	1.46e6	26	10	0.385	-16.2	13.2	28
6	366688.	1.46e6	18	7	0.389	-16.2	13.2	17

9.3　建模

本节具体说明预测冈比亚疟疾感染率的模型, 并介绍使用 SPDE 方法和 **R-INLA** 软件包来拟合模型的详细步骤.

9.3.1 模型

给定位置 $\boldsymbol{x}_i$ 处的真实感染率 $P(\boldsymbol{x}_i)$, $i = 1, \ldots, n$, N_i 个受测样本中的感染数 Y_i 服从二项分布:

$$Y_i | P(\boldsymbol{x}_i) \sim \text{Binomial}(N_i, P(\boldsymbol{x}_i)),$$

$$\text{logit}(P(\boldsymbol{x}_i)) = \beta_0 + \beta_1 \times \text{altitude} + S(\boldsymbol{x}_i).$$

其中 β_0 表示截距项, β_1 是海拔变量的系数, $S(\cdot)$ 是一个空间随机效应, 服从一个均值为 0 的高斯过程, 其方差为 Matérn 协方差函数

$$\text{Cov}(S(\boldsymbol{x}_i), S(\boldsymbol{x}_j)) = \frac{\sigma^2}{2^{\nu-1}\Gamma(\nu)}(\kappa||\boldsymbol{x}_i - \boldsymbol{x}_j||)^\nu K_\nu(\kappa||\boldsymbol{x}_i - \boldsymbol{x}_j||),$$

其中 $K_\nu(\cdot)$ 是一个阶为 $\nu > 0$ 的第二类修正的 Bessel 函数, ν 是一个平滑参数, σ^2 表示方差, $\kappa > 0$ 是与实际变程 $\rho = \sqrt{8\nu}/\kappa$ 有关的量. ρ 是一个空间相关性接近 0.1 时的距离.

9.3.2 网格的创建

下面, 我们需要构建一个覆盖冈比亚且使得随机场离散化的三角网格 (见图 9.3). 为了构建此网格, 我们需要为 `inla.mesh.2d()` 函数设置如下参数:

- `loc`: 初始网格顶点的坐标,
- `max.edge`: 内外区域三角形的最大边长,
- `cutoff`: 点间的最小距离.

这里, 我们调用 `inla.mesh.2d()` 函数并设置其 `loc` 为 `coo` 坐标矩阵. 我们设置 `max.edge = c(0.1, 5)` 以指定内外区域三角形的最大边长. 我们设置 `cutoff = 0.01` 以避免因增加过多太小的三角形面产生计算负担.

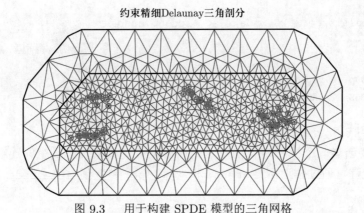

图 9.3   用于构建 SPDE 模型的三角网格

```
library(INLA)
coo <- cbind(d$long, d$lat)
mesh <- inla.mesh.2d(
  loc = coo, max.edge = c(0.1, 5),
  cutoff = 0.01
)
```

网格顶点的个数为 mesh$n, 我们可以使用 plot(mesh) 命令绘制网格.

```
mesh$n
```

[1] 669

```
plot(mesh, main="n")
title(" 约束精细 Delaunay 三角剖分", cex=0.5)
points(coo, col = "red")
```

9.3.3 基于网格构建 SPDE 模型

本节, 我们使用 inla.spde2.matern() 函数构建 SPDE 模型.

```
spde <- inla.spde2.matern(mesh = mesh, alpha = 2, constr = TRUE)
```

这里, 我们设置 constr = TRUE 以施加积分到 0 的限制. alpha 是与空间过程平滑参数相关的一个参数, $\alpha = \nu + d/2$. 在本例中, 我们设置平滑参数 ν 等于 1. 又因在空间模型中 $d = 2$, 因此 alpha=1+2/2=2.

9.3.4 索引集

现在, 我们使用 inla.spde.make.index() 函数构建 SPDE 模型的索引集. 在 inla.spde.make.index() 函数中, 我们设置随机效应名称为 s, SPDE 模型顶点数为 spde$n.spde. 这将创建一个列表, 它包含一个元素为 1:spde$n.spde 的向量 s 以及两个元素全为 1 且长度等于网格顶点数的向量 s.group 和 s.repl.

```
indexs <- inla.spde.make.index("s", spde$n.spde)
lengths(indexs)
```

```
    s s.group  s.repl
  669     669     669
```

9.3.5 投影矩阵

我们需要创建一个投影矩阵 A, 它把网格顶点观测值投影到空间连续的高斯随机场. 该投影矩阵可通过传递网格 (mesh) 和坐标 (loc) 参数到 inla.spde.make.A() 函数来建立.

```
A <- inla.spde.make.A(mesh = mesh, loc = coo)
```

9.3.6 预测数据

本节, 我们指定想要预测疟疾感染率的位置. 我们将预测位置设置为海拔协变量对应的栅格位置. 我们可以通过 **raster** 软件包中的 rasterToPoints() 获取栅格 r 的坐标. 该函数返回一个包含坐标和非缺失栅格值的矩阵. 我们看到它共有 12964 个点.

```
dp <- rasterToPoints(r)
dim(dp)
```

```
[1] 12964      3
```

在本例中, 我们使用较少的预测点使得计算速度更快. 我们可以使用 **raster** 中的 aggregate() 函数降低栅格的分辨率. 该函数的参数有

- x: 栅格对象,
- fact: 融合因子, 以每个方向 (水平和垂直) 的方格数表示,
- fun: 用来汇总数值的函数.

我们设置 fact = 5 依每个方向 5 个方格融合数据, fun = mean 计算所有方格的均值. 我们把预测位置的坐标矩阵称为 coop.

```
ra <- aggregate(r, fact = 5, fun = mean)

dp <- rasterToPoints(ra)
dim(dp)
```

```
[1] 627      3
```

```
coop <- dp[, c("x", "y")]
```

我们还构建了一个矩阵, 将空间连续的高斯随机场从预测位置投射到网格节点上.

```
Ap <- inla.spde.make.A(mesh = mesh, loc = coop)
```

9.3.7 用于估计和预测的数据堆栈

现在, 我们使用 `inla.stack()` 函数来组织数据、效应和投影矩阵. 我们使用如下
参数:

- `tag`: 建立数据标签的字符串,
- `data`: 数据向量列表,
- `A`: 投影矩阵列表,
- `effects`: 固定和随机效应列表.

我们构建一个叫做 `stk.e` 的数据堆栈用于估计, 用字符串 `"est"` 标记它. 固定
效应是截距项 (b0) 和一个协变量 (altitude). 随机效应是空间高斯随机场 (s). 因
此, `effects` 参数包含一个固定效应构成的数据框 `data.frame` 和一个 SPDE 对象索引
(indexs) 的列表 s. `A` 是一个列表, 其第一个元素是 1, 用于把固定效应一一投影给相应
变量, 第二个元素是随机效应的投影矩阵 `A`. `data` 中指定了响应向量和试验次数. 我们
还构建了一个用于预测的数据堆栈 `stk.p`, 用字符串 `"pred"` 标记它. `stk.p` 中响应向
量设置为 NA, 预测数据在预测位置处定义. 最后, 我们把 `stk.e` 和 `stk.p` 放在一起构
成一个总的数据堆栈 `stk.full`.

```
# 估计用堆栈 stk.e
stk.e <- inla.stack(
  tag = "est",
  data = list(y = d$positive, numtrials = d$total),
  A = list(1, A),
  effects = list(data.frame(b0 = 1, altitude = d$alt), s = indexs)
)


# 预测用堆栈 stk.p
stk.p <- inla.stack(
  tag = "pred",
  data = list(y = NA, numtrials = NA),
  A = list(1, Ap),
  effects = list(data.frame(b0 = 1, altitude = dp[, 3]),
    s = indexs
  )
)


# stk.full 包含 stk.e 和 stk.p
stk.full <- inla.stack(stk.e, stk.p)
```

9.3.8 模型公式

本节设置模型公式, 它的左端是响应变量, 右端是固定效应和随机效应. 公式中移除了截距 (增加 0) 并添加了一个新的协变量项 (添加 b0). 因此, 所有的协变量项都可以在投影矩阵中得到.

```
formula <- y ~ 0 + b0 + altitude + f(s, model = spde)
```

9.3.9 调用 inla()

我们调用 **R-INLA** 软件包中的 inla() 函数拟合模型并使用默认先验. 我们设置模型、分布族、数据以及其他选项. 在 control.predictor 中, 我们设置 compute = TRUE 以计算预测值的后验. 我们设置 link=1 以在和 family 相同的连接函数下计算拟合值 (res$summary.fitted.values 和 res$marginals.fitted.values).

```
res <- inla(formula,
  family = "binomial", Ntrials = numtrials,
  control.family = list(link = "logit"),
  data = inla.stack.data(stk.full),
  control.predictor = list(
    compute = TRUE, link = 1,
    A = inla.stack.A(stk.full)
  )
)
```

9.4　绘制疟疾感染率地图

现在, 我们使用 **leaflet** 软件包绘制疟疾感染率预测值的地图. res$summary.fitted.values 中包含了感染率均值及其 95% 可信区间. 通过选择 stk.full 中名称为 tag="pred" 的索引集可以在 res$summary.fitted.values 中获取预测值. 我们可通过将 stk.full 和 tag = "pred" 传递给 inla.stack.index() 来获取这些索引.

```
index <- inla.stack.index(stack = stk.full, tag = "pred")$data
```

我们以 index 为行, "mean", "0.025quant" 和 "0.975quant" 为列, 分别构建平均感染率及其 95% 可信区间的向量.

```
prev_mean <- res$summary.fitted.values[index, "mean"]
prev_ll <- res$summary.fitted.values[index, "0.025quant"]
prev_ul <- res$summary.fitted.values[index, "0.975quant"]
```

我们现在使用预测位置 coop 处的感染率的预测值 (prev_mean) 通过 **leaflet** 软件包中的 addCircles() 函数绘制地图. 我们使用一个由 colorNumeric() 创建的调色

板函数. 我们用 `domain` 参数把预测值投影到 [0,1] 上. 这样我们可以使用相同的调色板函数来比较感染率均值及其 95% 可信区间 (见图 9.4).

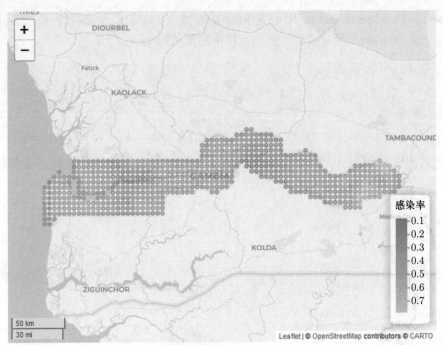

图 9.4 由 `leaflet()` 和 `addCircles()` 绘制的冈比亚疟疾感染率预测值地图

```
pal <- colorNumeric("viridis", c(0, 1), na.color = "transparent")

leaflet() %>%
  addProviderTiles(providers$CartoDB.Positron) %>%
  addCircles(
    lng = coop[, 1], lat = coop[, 2],
    color = pal(prev_mean)
  ) %>%
  addLegend("bottomright",
    pal = pal, values = prev_mean,
    title = " 感染率"
  ) %>%
  addScaleBar(position = c("bottomleft"))
```

我们也可以用栅格来绘制, 而不是在各点上显示感染率的预测值. 这里使用的预测位置是一个不规则网格, 我们需要使用 `raster` 软件包中的 `rasterize()` 函数创建一个预测值的栅格. 该函数在把某些位置的向量值转为栅格时非常有用. 我们把预测值 `prev_mean` 从位置 `coop` 变换到用来获得预测位置处的栅格 `ra` 上. 我们使用以下的一

些参数:

- `x = coop`: 进行预测的坐标,
- `y = ra`: 转换值的栅格,
- `field = prev_mean`: 用于变换的值 (位置 coop 上的预测值 prev_mean),
- `fun = mean`: 对有多个点的单元格中的数值取均值.

```
r_prev_mean <- rasterize(
  x = coop, y = ra, field = prev_mean,
  fun = mean
)
```

现在使用 **leaflet** 软件包中的 `addRasterImage()` 绘制预测位置处感染率估计值的栅格地图 (见图 9.5).

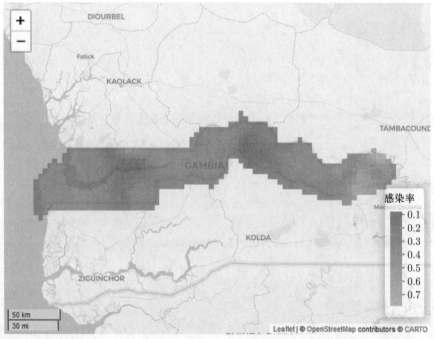

图 9.5　由 `leaflet()` 和 `addRasterImage()` 绘制的冈比亚疟疾感染率预测值地图

```
pal <- colorNumeric("viridis", c(0, 1), na.color = "transparent")

leaflet() %>%
  addProviderTiles(providers$CartoDB.Positron) %>%
  addRasterImage(r_prev_mean, colors = pal, opacity = 0.5) %>%
  addLegend("bottomright",
    pal = pal,
    values = values(r_prev_mean), title = " 感染率"
```

```
) %>%
addScaleBar(position = c("bottomleft"))
```

我们也可以使用相同的方法绘制预测率上下限的栅格地图. 首先, 我们创建预测值上下限的栅格. 然后, 我们使用相同的调色板绘制预测率上下限的栅格地图 (见图 9.6 和图 9.7).

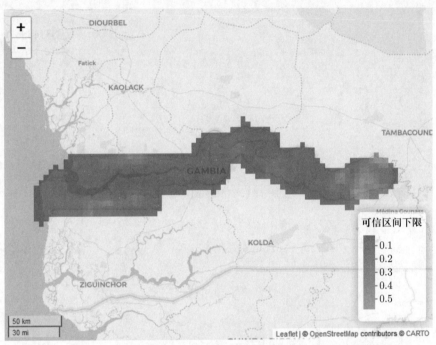

图 9.6 冈比亚疟疾感染率预测值 95% 可信下限栅格地图

```
r_prev_ll <- rasterize(
  x = coop, y = ra, field = prev_ll,
  fun = mean
)

leaflet() %>%
  addProviderTiles(providers$CartoDB.Positron) %>%
  addRasterImage(r_prev_ll, colors = pal, opacity = 0.5) %>%
  addLegend("bottomright",
    pal = pal,
    values = values(r_prev_ll), title = " 可信区间下限"
  ) %>%
  addScaleBar(position = c("bottomleft"))
```

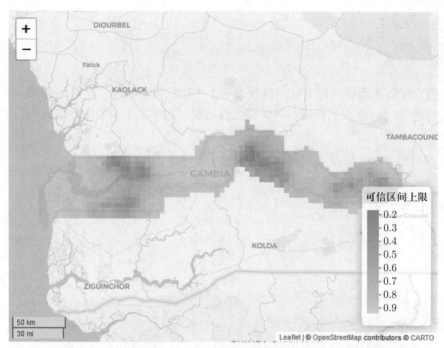

图 9.7   冈比亚疟疾感染率预测值 95% 可信上限栅格地图

```
r_prev_ul <- rasterize(
  x = coop, y = ra, field = prev_ul,
  fun = mean
)

leaflet() %>%
  addProviderTiles(providers$CartoDB.Positron) %>%
  addRasterImage(r_prev_ul, colors = pal, opacity = 0.5) %>%
  addLegend("bottomright",
    pal = pal,
    values = values(r_prev_ul), title = " 可信区间上限"
  ) %>%
  addScaleBar(position = c("bottomleft"))
```

9.5   绘制超额概率地图

我们还可以计算出疟疾感染率大于某一特定阈值的超额概率, 该阈值对决策非常有意义. 例如, 我们想知道疟疾感染率大于 20% 的概率是多少. 设 p_i 是位置 x_i 处疟疾的感染率. 疟疾感染率 p_i 大于 c 的概率可写为 $P(p_i > c)$. 这个概率通过 1 减去 $P(p_i \leqslant c)$ 得到, 即

$$P(p_i > c) = 1 - P(p_i \leqslant c).$$

在 **R-INLA** 软件包中, 我们可将预测值的后验分布和阈值传递给 `inla.pmarginal()` 函数来计算 $P(p_i \leqslant c)$. 然后, 再计算超额概率 $P(p_i > c)$.

```
1 - inla.pmarginal(q = c, marginal = marg)
```

其中 `marg` 是预测值的边际后验分布, `c` 是阈值.

在本例中, 我们可用下面方法计算疟疾感染率超过 20% 的概率. 首先, 我们获取每个位置处预测值的边际后验分布. 这些边际后验分布保存在列表对象 `res$marginals.fitted.values[index]` 中, 它的 `index` 是由与预测对应的数据堆栈 `stk.full` 的索引构成的向量. 如前面所讨论的, 我们可通过将 `tag = "pred"` 传递到 `inla.stack.index()` 函数中来获得这些索引.

```
index <- inla.stack.index(stack = stk.full, tag = "pred")$data
```

该列表的第一个元素, `res$marginals.fitted.values[index][[1]]`, 包含第一个位置处感染率预测值的边际后验分布. 该位置处疟疾感染率超过 20% 的概率为

```
marg <- res$marginals.fitted.values[index][[1]]
1 - inla.pmarginal(q = 0.20, marginal = marg)
```

```
[1] 0.6966
```

我们可通过将两个参数传递给 `sapply()` 函数来计算所有位置处的超额概率. 第一个参数是预测值的边际后验分布 (`res$marginals.fitted.values[index]`), 第二个参数是计算超额概率的函数 (`1- inla.pmarginal()`). 然后, `sapply()` 函数返回一个和列表 `res$marginals.fitted.values[index]` 等长的向量. 该向量每一个元素对应函数 `1- inla.pmarginal()` 应用到相应边际后验分布的结果.

```
excprob <- sapply(res$marginals.fitted.values[index],
FUN = function(marg){1-inla.pmarginal(q = 0.20, marginal = marg)})

head(excprob)
```

```
fitted.APredictor.066 fitted.APredictor.067
            0.6966                0.7238
fitted.APredictor.068 fitted.APredictor.069
            0.7757                0.7481
fitted.APredictor.070 fitted.APredictor.071
            0.6662                0.7009
```

最后, 我们先使用 `rasterize()` 创建超额概率的栅格, 再使用 `leaflet()` 绘制超额概率地图.

```
r_excprob <- rasterize(
  x = coop, y = ra, field = excprob,
  fun = mean
)
```

```
pal <- colorNumeric("viridis", c(0, 1), na.color = "transparent")

leaflet() %>%
  addProviderTiles(providers$CartoDB.Positron) %>%
  addRasterImage(r_excprob, colors = pal, opacity = 0.5) %>%
  addLegend("bottomright",
    pal = pal,
    values = values(r_excprob), title = "P(p>0.2)"
  ) %>%
  addScaleBar(position = c("bottomleft"))
```

图9.8展示了冈比亚疟疾感染率预测值超过 20% 的概率. 这张地图量化了感染率预测值超过阈值 20% 有关的不确定性, 并突出了最需要针对性干预的地点. 在这张地图上, 概率接近 0 的地点是感染率不可能超过 20% 的地点, 而概率接近 1 的地点对应的是感染率非常可能超过 20% 的地点. 概率在 0.5 左右的地点不确定性最高, 对应于疟疾感染率同等可能低于或高于 20% 的概率的地点.

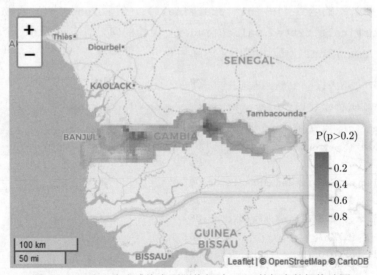

图 9.8   冈比亚疟疾感染率预测值超过 20% 的概率的栅格地图

第 10 章

地理统计数据时空建模: 西班牙空气污染数据

本章介绍如何使用随机偏微分方程 (SPDE) 方法和 **R-INLA** 软件包 (Rue 等, 2018) 拟合一个时空模型来预测西班牙 2015 年至 2017 年的细颗粒物空气污染水平 (PM$_{2.5}$). PM$_{2.5}$ 是飘浮在空气中的直径小于 2.5 微米的固体颗粒和液滴的混合物. 这些粒子来源包括汽车、发电厂和森林火灾等. 监测 PM$_{2.5}$ 具有很重要的意义, 因为这些颗粒物危害环境, 并可能导致严重呼吸系统疾病和心血管疾病甚至过早死亡.

我们从欧洲环境署[1]检索了 2015 年至 2017 年西班牙几个监测站测量的空气污染数据, 并使用 **raster** 软件包 (Hijmans, 2019) 获得西班牙地图数据. 然后, 我们拟合了一个时空模型来预测没有测量数据的地方的空气污染, 并构建了每年的高分辨率空气污染地图. 我们还介绍了如何使用 **ggplot2** 软件包 (Wickham 等, 2019a) 构建一些图来可视化模型预测值和表示其不确定性的 95% 可信区间.

10.1 地图

我们使用 **raster** 软件包 (Hijmans, 2019) 的 `getData()` 函数获取西班牙的地图数据. 我们设置 `getData()` 函数的 `name` 参数等于 GADM. GADM 是全球行政边界数据库. 我们设置 `country` 参数等 Spain 以及 `level` 参数等于 0 来指定我们想在 GADM 数据库中获取的西班牙行政区划 (见图 10.1).

```
library(lwgeom)
library(raster)

m <- getData(name = "GADM", country = "Spain", level = 0)
plot(m)
```

我们仅想预测西班牙本土的空气污染, 因此我们移除地图中的岛屿, 这可以通过使用 **sf** 和 **dplyr** 软件包保留地图的大区域的多边形来实现. 首先, 我们把一个 `SpatialPolygonsDataFrame` 对象 `m` 转换为 `sf` 对象. 然后我们计算此对象多边形的面积, 并保留面积最大的多边形.

---

[1] http://aidef.apps.eea.europa.eu/

图 10.1   西班牙地图

```
library(sf)
library(dplyr)

m <- m %>%
  st_as_sf() %>%
  st_cast("POLYGON") %>%
  mutate(area = st_area(.)) %>%
  arrange(desc(area)) %>%
  slice(1)
```

最终的地图可以通过 **ggplot2** 软件包的 `ggplot()` 函数绘制 (见图 10.2).

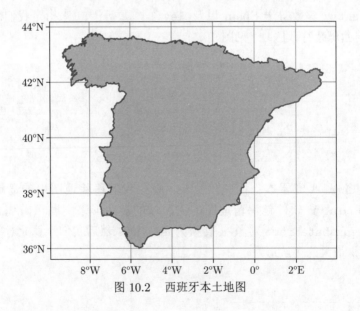

图 10.2   西班牙本土地图

```
library(ggplot2)

ggplot(m) + geom_sf() + theme_bw()
```

对象 map 有一个带有经度和纬度的地理坐标系. 我们在后续的分析中要以米为单位, 因此我们需要把 map 转换为一个带有 UTM 映射的对象. 因此, 我们使用 st_transform() 函数来指定西班牙的 ESPG 代码为 25830, 对应的 UTM 区为北 30. 我们用 ggplot() 绘制 map, 并使用 coord_sf(datum = st_crs(m)) 展示与地图投影相对应的坐标系 (见图 10.3).

```
m <- m %>% st_transform(25830)
ggplot(m) + geom_sf() + theme_bw() + coord_sf(datum = st_crs(m))
```

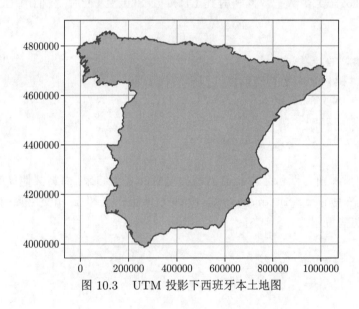

图 10.3 UTM 投影下西班牙本土地图

10.2 数据

在西班牙和其他欧洲国家的监测站记录的空气污染测量数据可以从欧洲环境署[1]获得. 这里我们使用 2015 年、2016 年和 2017 年西班牙监测站记录的细颗粒物 ($PM_{2.5}$) 的年平均水平数据.

该数据的 CSV 文件 dataPM25.csv 可以从本书的网站[2]下载. 下载数据后, 使用 read.csv() 函数读取它. 我们只保留数据中表示年份、监测站 ID、经度、纬度和 $PM_{2.5}$ 值的变量, 并给这些列赋予新的名称.

---

[1] http://aidef.apps.eea.europa. eu/

[2] https://paula-moraga.github.io/book-geospatial-info

```
d <- read.csv("dataPM25.csv")
```

```
d <- d[, c(
  "ReportingYear", "StationLocalId",
  "SamplingPoint_Longitude",
  "SamplingPoint_Latitude",
  "AQValue"
)]
names(d) <- c("year", "id", "long", "lat", "value")
```

现在我们把这些数据从地理坐标映射到 UTM 坐标. 首先, 我们创建一个包含观测站经纬度的 sf 对象 p, 并设 p 的 CRS 为 EPSG 4326 (对应地理坐标) . 然后, 我们使用 st_transform() 函数把数据映射到 EPSG 25830 上. 最后, 我们用 UTM 坐标替代 d 中地理坐标.

```
p <- st_as_sf(data.frame(long = d$long, lat = d$lat),
              coords = c("long", "lat"))
st_crs(p) <- st_crs(4326)
p <- p %>% st_transform(25830)
d[, c("x", "y")] <- st_coordinates(p)
```

现在我们只保留与西班牙本土监测站相对应的观测结果, 而将其他岛屿上的观测结果删除. 我们先使用 st_intersects() 函数找出地图 p 和 m 相交位置的索引, 然后保留 d 中包含这些位置的行.

```
ind <- st_intersects(m, p)
d <- d[ind[[1]], ]
```

图10.4 显示了西班牙本土监测站的位置.

```
ggplot(m) + geom_sf() + coord_sf(datum = st_crs(m)) +
  geom_point(data = d, aes(x = x, y = y)) + theme_bw()
```

我们可以使用多种方法可视化 $PM_{2.5}$ 的值. 例如, 我们使用 geom_histogram() 和 facet_wrap() 函数绘制每年 $PM_{2.5}$ 的直方图 (见图 10.5).

```
ggplot(d) +
  geom_histogram(mapping = aes(x = value)) +
  facet_wrap(~year, ncol = 1) +
  theme_bw()
```

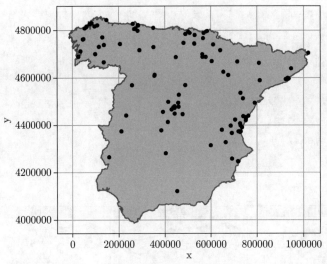

图 10.4 西班牙本土 PM$_{2.5}$ 监测站

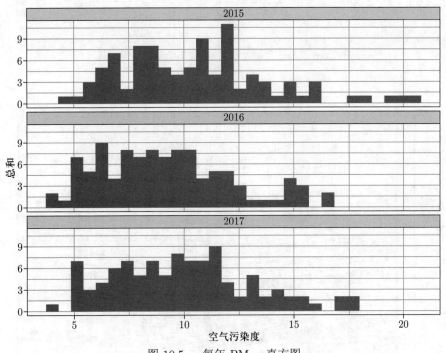

图 10.5 每年 PM$_{2.5}$ 直方图

我们也可以使用 geom_point() 绘制每个监测站 PM$_{2.5}$ 随时间变化的地图. 我们使用 coord_sf(datum = NA) 函数移除地理网格, 使用 facet_wrap() 函数按年绘制分面地图, 使用 scale_color_viridis() 函数调用 "viridis" 色标 (见图 10.6).

```
library(viridis)

ggplot(m) + geom_sf() + coord_sf(datum = NA) +
```

```
geom_point(
  data = d, aes(x = x, y = y, color = value),
  size = 2
) +
labs(x = "", y = "") +
scale_color_viridis() +
facet_wrap(~year) +
theme_bw()
```

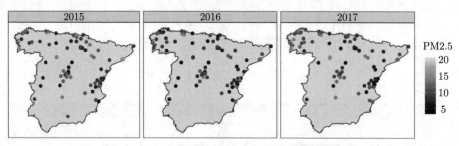

图 10.6   每个监测站 PM$_{2.5}$ 按年绘制的分面地图

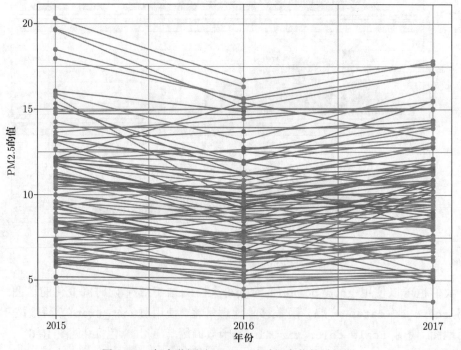

图 10.7   每个监测站 PM$_{2.5}$ 随时间变化的时间图

接下来, 我们使用 geom_line() 绘制每个监测站 PM$_{2.5}$ 随时间变化的时间图.
我们使用 scale_x_continuous() 并令其参数 breaks 等于年份来重定义横坐标. 因

为图例会占据图片的一大部分, 我们决定使用 `theme(legend.position = "none")` 方法移除图例 (见图 10.7).

```
ggplot(d, aes(x = year, y = value, group = id, color = id)) +
  geom_line() +
  geom_point(size = 2) +
  scale_x_continuous(breaks = c(2015, 2016, 2017)) +
  theme_bw() + theme(legend.position = "none")
```

10.3 建模

本节介绍如何指定一个时空模型来预测 PM$_{2.5}$, 以及使用 **R-INLA** 来拟合模型所需的步骤.

10.3.1 模型

设 Y_{it} 是位置 $i = 1, \ldots, I$ 在时间 $t = 1, 2, 3$ 的测量值. 假定

$$Y_{it} \sim N(\mu_{it}, \sigma_e^2),$$

$$\mu_{it} = \beta_0 + \xi(\boldsymbol{x}_i, t),$$

其中 β_0 是截距项, σ_e^2 是测量误差的方差, $\xi(\boldsymbol{x}_i, t)$ 是位置 $\boldsymbol{x}_i$ 处时间 t 时的时空随机效应. 我们定义 σ_e^2 是一个时间和空间独立的零均值高斯过程. $\xi(\boldsymbol{x}_i, t)$ 是一个随时间变化的随机效应, 具有一阶自回归动态变化和空间相关的新息. 因此, 我们假定

$$\xi(\boldsymbol{x}_i, t) = a\xi(\boldsymbol{x}_i, t - 1) + w(\boldsymbol{x}_i, t),$$

其中 $|a| < 1$, $\xi(\boldsymbol{x}_i, 1)$ 服从一阶自回归过程的稳定分布, 即 $N(0, \sigma_w^2/(1 - a^2))$. 每个 $w(\boldsymbol{x}_i, t)$ 都服从一个零均值的高斯分布. 它在每个时间段都是独立的, 但在空间上是相依的, 且具有 Matérn 协方差函数.

因此, 这个模型包括一个截距和一个时空随机效应. 该时空效应具有空间相依的一阶自回归增量, 但不包括协变量. 在实际应用中, 该模型还可以包括与空气污染有关的协变量, 如温度、降水或与道路的距离, 这将有助于提高预测性能.

10.3.2 网格的构建

为了用 SPDE 方法拟合模型, 我们需要构建一个三角形的网格 , 在此基础上建立 GMRF. 网格需要覆盖研究区域和外部扩展, 以避免边界效应, 因为边界附近的方差会增加. 在这个例子中, 我们决定使用下面指定的网格以加快计算速度. 在实际应用中可以考虑使用更细的网格.

我们通过将多个参数传递给 `inla.mesh.2d()` 函数来创建网格. 我们设置 `loc` 为坐标矩阵 (`coo`) 作为初始网格顶点. 网格的边界等于一个包含用 `inla.nonconvex.`

hull() 函数构造的地图位置的多边形. 我们用 max.edge = c(100000, 200000) 设置研究区域和其扩展中允许的最大三角形边长. 这使得在研究区域内使用小三角形, 而在没有数据的扩展区域内使用较大的三角形以避免浪费计算资源. 我们用 cutoff = 1000 来指定点与点之间的最小允许距离, 以避免建立过多的小三角形. 关于函数 inla.mesh.2d() 和 inla.nonconvex.hull() 的更多细节, 可以参见 **R-INLA** 软件包的帮助文件.

```
library(INLA)

coo <- cbind(d$x, d$y)
bnd <- inla.nonconvex.hull(st_coordinates(m)[, 1:2])
mesh <- inla.mesh.2d(
  loc = coo, boundary = bnd,
  max.edge = c(100000, 200000), cutoff = 1000
)
```

我们可使用 mesh$n 查看网格的顶点数量, 用 plot(mesh) 绘制网格 (见图 10.8).

约束精细 Delaunay 三角剖分

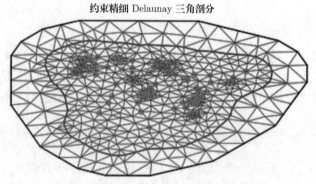

图 10.8　用于构建 SPDE 模型的三角网格

```
mesh$n
```

[1] 712

```
plot(mesh)
points(coo, col = "red")
title("约束精细 Delaunay 三角剖分")
```

10.3.3　基于网格构建 SPDE 模型

现在我们使用 inla.spde2.pcmatern() 函数构建 SPDE 模型, 并为 Matérn 协方差设置惩罚性复杂度 (PC) 先验 (Fuglstad 等, 2019). inla.spde2.pcmatern() 函数的 mesh 参数指定网格, alpha 参数指定过程平滑度. 在本例中, 我们处理的是空间数据

($d = 2$), 并固定平滑度参数 ν 等于 1. 因此, $\alpha = \nu + d/2 = 2$. 我们还设置 constr = TRUE 以施加积分到零的限制.

Matérn 协方差中变程参数和边际标准差参数的 PC 先验分别设为 $P(\text{range} < v_r) = p_r$ 和 $P(\sigma > v_s) = p_s$, 其中 v_r, p_r, v_s 以及 p_s 为预先指定的常数. 该过程的变程是指使数值之间的相关性接近于 0.1 时的距离. 本例中, 我们设变程的 PC 先验为 $P(\text{range} < 10000) = 0.01$, 表示变程小于 10 公里的概率非常小. 参数 σ 表示数据的波动. 我们设其 PC 先验为 $P(\sigma > 3) = 0.01$. 我们通过将 prior.range 和 prior.sigma 参数传递给 inla.spde2.pcmatern() 函数来设置 PC 先验, 如下所示:

```
spde <- inla.spde2.pcmatern(
  mesh = mesh, alpha = 2, constr = TRUE,
  prior.range = c(10000, 0.01), # P(range < 10000) = 0.01
  prior.sigma = c(3, 0.01) # P(sigma > 3) = 0.01
)
```

10.3.4 索引集

现在我们使用 inla.spde.make.index() 函数构建潜在时空高斯模型的索引集. 我们需要指定名称 (s)、SPDE 模型的顶点数 (spde$n.spde) 以及观测时间次数 (timesn). 注意这里的索引集并不依赖于数据的位置.

```
timesn <- length(unique(d$year))
indexs <- inla.spde.make.index("s",
  n.spde = spde$n.spde,
  n.group = timesn
)
lengths(indexs)
```

```
     s s.group  s.repl
  2136    2136    2136
```

创建的索引集是一个列表, 包含如下三个元素:
- s: 以时间数重复出现的 SPDE 顶点索引,
- s.group: 以顶点数重复出现的时间索引,
- s.repl: 长度等于观测时间次数乘以顶点个数 (spde$n.spde*timesn) 的元素全为 1 的向量.

10.3.5 投影矩阵

现在我们创建投影矩阵 A, 它把时空连续的高斯随机场从观测值映射到网格顶点. 我们可通过将网格参数 mesh、坐标参数 (loc)、观测时间索引参数 (group) 传递给函数 inla.spde.make.A() 来创建. group 是一个长度等于观测值个数且元素为 $\{1, 2, 3\}$ 的向量, $\{1, 2, 3\}$ 分别表示年份 $\{2015, 2016, 2017\}$.

```
group <- d$year - min(d$year) + 1
A <- inla.spde.make.A(mesh = mesh, loc = coo, group = group)
```

10.3.6 预测数据

现在我们用想要预测的位置和时间来构建数据集. 我们预测的位置是西班牙本土, 年份是 2015、2016 以及 2017 年. 首先, 我们使用 expand.grid() 函数, 并结合观测数据内的坐标向量 x 和 y, 创建一个由 50×50 个位置形成的网格 (见图 10.9), 我们将待预测的数据命名为 dp.

```
bb <- st_bbox(m)
x <- seq(bb$xmin - 1, bb$xmax + 1, length.out = 50)
y <- seq(bb$ymin - 1, bb$ymax + 1, length.out = 50)
dp <- as.matrix(expand.grid(x, y))
plot(dp, asp = 1)
```

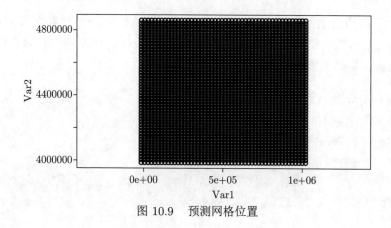

图 10.9   预测网格位置

然后, 我们仅保留西班牙本土的位置 (见图 10.10).

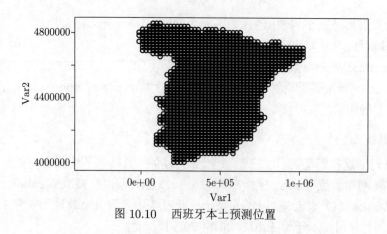

图 10.10   西班牙本土预测位置

```
p <- st_as_sf(data.frame(x = dp[, 1], y = dp[, 2]),
  coords = c("x", "y")
)
st_crs(p) <- st_crs(25830)
ind <- st_intersects(m, p)
dp <- dp[ind[[1]], ]
plot(dp, asp = 1)
```

现在我们通过将 dp 重复三次并依次添加一个时间列来构建包含坐标和三个时间点的数据集. 注意, 这里的时间 1 表示 2015 年, 2 表示 2016 年, 3 表示 2017 年.

```
dp <- rbind(cbind(dp, 1), cbind(dp, 2), cbind(dp, 3))
head(dp)
```

```
        Var1      Var2
[1,]  260559  4004853  1
[2,]  218306  4022657  1
[3,]  239432  4022657  1
[4,]  260559  4022657  1
[5,]  281685  4022657  1
[6,]  218306  4040460  1
```

最后, 我们创建矩阵 Ap 来把空间连续的高斯随机场从预测位置映射到网格点. 这里的预测位置是 coop, 时间索引是 groupp.

```
coop <- dp[, 1:2]
groupp <- dp[, 3]
Ap <- inla.spde.make.A(mesh = mesh, loc = coop, group = groupp)
```

10.3.7 用于估计与预测的数据堆栈

现在我们使用 inla.stack() 函数构建估计数据堆栈 (stk.e) 和预测数据堆栈 (stk.p), 其中包含的参数如下所示:

- tag: 用于标识数据的字符串,
- data: 数据向量列表
- A: 投影矩阵列表,
- effects: 固定和随机效应索引集.

然后, 我们把两个数据堆栈放在一起构建一个总的数据堆栈 stk.full.

```
stk.e <- inla.stack(
  tag = "est",
  data = list(y = d$value),
```

```
  A = list(1, A),
  effects = list(data.frame(b0 = rep(1, nrow(d))), s = indexes)
)

stk.p <- inla.stack(
  tag = "pred",
  data = list(y = NA),
  A = list(1, Ap),
  effects = list(data.frame(b0 = rep(1, nrow(dp))), s = indexes)
)

stk.full <- inla.stack(stk.e, stk.p)
```

10.3.8 模型公式

现在我们定义用于拟合模型的公式. 在公式中, 我们移除截距项 (添加 0) 并添加一个新的协变量项 (添加 b0) 作为截距项. 通过在 `f()` 函数中添加名称 s, 模型 `spde`, 组索引 `s.group` 和组模型 `list(model = "ar1", hyper = rprior)` 来指定 SPDE 模型. 索引集 `s.group` 来自 `indexes`, 这样就可使每一年建立的 SPDE 模型和空间位置连接. `control.group = list(model = "ar1", hyper = rprior)` 用来指定数据在时间维度上服从一阶自回归 AR(1), 其中自相关参数 a 的先验通过 `rprior` 参数设置. 我们用 `"pccor1"` 定义 `rprior`, 它是自相关参数 a 的 PC 先验, 其中回归参数 $a = 1$ 时是基本模型. 我们假定 $P(a > 0) = 0.9$.

```
rprior <- list(theta = list(prior = "pccor1", param = c(0, 0.9)))
```

最终的公式定义为

```
formula <- y ~ 0 + b0 + f(s,
  model = spde, group = s.group,
  control.group = list(model = "ar1", hyper = rprior)
)
```

10.3.9 `inla()` 调用

最后, 我们调用 `inla()` 函数来拟合模型. 在 `control.predictor` 中我们指定映射矩阵和 `compute = TRUE` 来计算预测值.

```
res <- inla(formula,
  data = inla.stack.data(stk.full),
  control.predictor = list(
    compute = TRUE,
```

```
    A = inla.stack.A(stk.full)
  )
)
```

10.3.10 结果

我们通过命令 `summary(res)` 检查结果, 展示固定和随机效应参数的估计值.

```
summary(res)
```

```
Fixed effects:
   mean     sd 0.025quant 0.5quant 0.975quant  mode
b0 8.55 0.2989      7.963    8.549       9.14 8.547
   kld
b0  0


Random effects:
Name      Model
 s   SPDE2 model


Model hyperparameters:
                                            mean
Precision for the Gaussian observations 9.219e-01
Range for s                             1.853e+04
Stdev for s                             5.235e+00
GroupRho for s                          9.660e-01
                                              sd
Precision for the Gaussian observations    0.1871
Range for s                             1830.7303
Stdev for s                                0.4081
GroupRho for s                             0.0130
                                        0.025quant
Precision for the Gaussian observations 6.013e-01
Range for s                             1.520e+04
Stdev for s                             4.487e+00
GroupRho for s                          9.355e-01
                                           0.5quant
Precision for the Gaussian observations 9.068e-01
Range for s                             1.844e+04
Stdev for s                             5.216e+00
GroupRho for s                          9.678e-01
                                         0.975quant
Precision for the Gaussian observations  1.332e+00
Range for s                              2.239e+04
```

```
Stdev for s                              6.087e+00
GroupRho for s                           9.857e-01
                                         mode
Precision for the Gaussian observations 8.791e-01
Range for s                              1.825e+04
Stdev for s                              5.175e+00
GroupRho for s                           9.715e-01


Expected number of effective parameters(std dev): 157.36(17.34)
Number of equivalent replicates : 1.90


Marginal log-Likelihood:  -678.74
```

我们绘制出截距, 测量误差精度参数, 时空随机效应的标准差、变程以及自回归参数的后验分布图. 做法是先构建一个列表 list_marginals, 其中的元素即为每一个参数的后验分布, 然后由此列表构建一个数据框 marginals, 并添加一个新列 parameter 来给出每一个分布的参数名.

```
list_marginals <- list(
"b0" = res$marginals.fixed$b0,
"precision Gaussian obs" =
res$marginals.hyperpar$"Precision for the Gaussian observations",
"range" = res$marginals.hyperpar$"Range for s",
"stdev" = res$marginals.hyperpar$"Stdev for s",
"rho" = res$marginals.hyperpar$"GroupRho for s"
)


marginals <- data.frame(do.call(rbind, list_marginals))
marginals$parameter <- rep(names(list_marginals),
  times = sapply(list_marginals, nrow)
)
```

最后, 我们按参数名使用 ggplot() 和 facet_wrap() 函数绘制各参数的后验分布图 (见图 10.11).

```
library(ggplot2)
ggplot(marginals, aes(x = x, y = y)) + geom_line() +
  facet_wrap(~parameter, scales = "free") +
  labs(x = "", y = " 概率密度") + theme_bw()
```

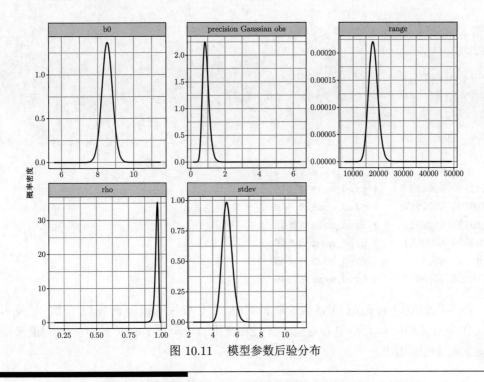

图 10.11   模型参数后验分布

10.4 绘制空气污染预测地图

本节绘制西班牙 2015、2016 以及 2017 年 $PM_{2.5}$ 预测地图. 为得到来自模型的预测值, 我们通过将 `tag = "pred"` 传递给 `inla.stack.index()` 函数来从 `stk.full` 数据堆栈中提取预测位置对应的索引.

```
index <- inla.stack.index(stack = stk.full, tag = "pred")$data
```

我们从数据框 `res$summary.fitted.values` 中提取预测均值及其 95% 可信区间, 并指定行与预测索引 (index) 相对应, 列名分别为"mean"、"0.025quant" 以及 "0.975quant". 我们构建新的数据框 dp, 它包含预测位置、预测时间、预测均值及其 95% 可信区间.

```
dp <- data.frame(dp)
names(dp) <- c("x", "y", "time")

dp$pred_mean <- res$summary.fitted.values[index, "mean"]
dp$pred_ll <- res$summary.fitted.values[index, "0.025quant"]
dp$pred_ul <- res$summary.fitted.values[index, "0.975quant"]
```

为了绘图方便, 我们使用 **reshape2** 包的 melt 函数 把 dp 转换为新的数据框 dpm. 我们设置 melt 函数的 id.vars 参数为 c("x", "y", "time"), measure.vars 参数为 c("pred_mean", "pred_ll", "pred_ul").

```
library(reshape2)
dpm <- melt(dp,
  id.vars = c("x", "y", "time"),
  measure.vars = c("pred_mean", "pred_ll", "pred_ul")
)
head(dpm)
```

```
       x       y time  variable value
1 260559 4004853    1 pred_mean 8.546
2 218306 4022657    1 pred_mean 8.546
3 239432 4022657    1 pred_mean 8.546
4 260559 4022657    1 pred_mean 8.546
5 281685 4022657    1 pred_mean 8.546
6 218306 4040460    1 pred_mean 8.546
```

然后我们使用 ggplot() 函数绘制预测图. 我们使用 geom_tile() 函数, 值显示在单元格中且值等于单元格中心的值. 我们还使用 facet_wrap() 按时间和变量来绘制分面地图 (见图 10.12).

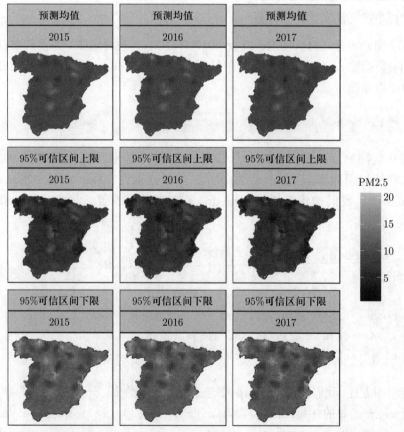

图 10.12 西班牙本土 2015、2016 以及 2017 年 $PM_{2.5}$ 预测值及其 95% 可信区间

```
plot_names <- c("pred_ll"="95% 可信区间上限",
                "pred_mean" =  " 预测均值",
                "pred_ul" = "95% 可信区间下限",
                "1" = "2015", "2" = "2016", "3" = "2017")
ggplot(m) + geom_sf() + coord_sf(datum = NA) +
  geom_tile(data = dpm, aes(x = x, y = y, fill = value)) +
  labs(x = "", y = "") +
  facet_wrap(variable ~ time) +
  scale_fill_viridis("PM2.5") +
  theme_bw()
```

注意, 除了空气污染预测值及其 95% 可信区间外, 我们也可以计算空气污染超过特定阈值的超额概率以用于政策制定. 如何计算超额概率可参考第 4, 6 和 9 章的例子.

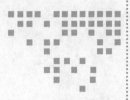

第三部分 *Part 3*

结果的交流

第 11 章

R Markdown 介绍

————————————————————

    R Markdown(Allaire 等, 2019) 可以用来轻松地将我们的分析变成完全可复现的文件, 以便与他人分享, 快速有效地交流我们的分析. 一个 R Markdown 文件是用 Markdown 语法编写的, 其中嵌入了 R 代码, 并可以包括叙述性文本、表格和可视化. 当一个 R Markdown 文件被编译时, R 代码被执行, 其结果被自动附加到一个文件中, 该文件可以采用多种格式, 包括 HTML 和 PDF. 在本章中, 我们将介绍 R Markdown, 并展示如何使用它来生成一份报告, 其中通过几个图、表和叙述性文字来展示对软件包 **gapminder**(Bryan, 2017) 中数据的简单分析结果.

————————————————————

11.1   R Markdown

    我们可以通过输入 `install.packages("rmarkdown")` 来安装 **rmarkdown** 软件包. R Markdown 文件的扩展名是 `.Rmd`, 它将 R 代码与文本交织在一起, 最终以 HTML、PDF 或其他格式输出. 一个 R Markdown 文件有三个基本组成部分:

- YAML 头部, 指定了几个文件选项, 如输出格式,
- 用 Markdown 语法编写的文本,
- 带有需要执行代码的 R 代码块.

    为了从 `.Rmd` 文件中生成一个文档, 我们可以使用 RStudio IDE 中的 "Knit" 按钮, 或者使用 **rmarkdown** 包的 `render()` 函数. `render()` 函数有一个名为 `output_format` 的选项, 我们可以选择想要的最终文档的格式. 例如, 如果我们设置 `output_format=`
`"html_document"`, 就可以得到一个 HTML 格式的文档, 或者通过设置 `output_format=`
`"pdf_document"` 得到一个 PDF 格式的文档.

    当渲染 `.Rmd` 文件时, 软件包 **knitr**(Xie, 2019b) 的 `knit()` 函数被用来执行 R 代码块, 并生成一个包括代码和输出的 markdown 文件 (扩展名为 `.md`). 然后, Pandoc (`http://pandoc.org`) 被用来将 markdown 文件转化为格式化的文本, 并以指定的格式创建最终文件.

    下面我们将更详细地描述 R Markdown 的组成部分. 关于 R Markdown 的更多信息可以在 Xie 等 (2018)、R Markdown 网页[1]和 R Markdown 参考指南[2]中查阅.

————————————————————

1) https://rmarkdown.rstudio.com/

2) https://www.rstudio.com/wp-content/uploads/2015/03/rmarkdown-reference.pdf

11.2 YAML

在 R Markdown 文件的顶部, 我们需要在一对三个破折号 (---) 之间写上 YAML 头. 这个头指定了几个文件选项, 如标题、作者、日期和输出文件的类型. 一个基本的 YAML 的输出格式被设置为 PDF, 如下所示:

```
---
title: "An R Markdown document"
author: "Paula Moraga"
date: "1 July 2019"
output: pdf_document
---
```

其他 YAML 选项包括以下内容:

- `fontsize`: 指定字体大小,
- `toc: true` 在文件的开头包括一个目录 (TOC) ,
- `toc_depth: n` 来指定要添加到目录中的最低级别的标题, 由数字 `n` 给出.

例如, 下面的 YAML 指定了一个 HTML 文档, 字体大小为 12pt, 并包括一个目录, 其中 2 是最低级别的标题. 报告的日期被设置为当前日期, 方法是写上行内 R 表达式 `` `r Sys.Date()` ``.

```
---
title: "An R Markdown document"
author: "Paula Moraga"
date: "`r Sys.Date()`"
fontsize: 12pt
output:
  html_document:
    toc: true
    toc_depth: 2
---
```

11.3 Markdown 语法

R Markdown 文件中的文本是用 Markdown 语法编写的. Markdown 是一种轻量级的标记语言, 它使用一种轻量级的纯文本语法来创建风格化的文本. 例如, 我们可以用星号来生成斜体字, 用双星号来生成粗体字.

```
*italic text*
```

italic text

```
**bold text**
```

bold text

我们可以通过将文本写在一对反引号之间, 将其标记为行内代码.

```
`x+y`
```

为了开始一个新的段落, 我们可以用两个或更多的空格来结束一行. 我们还可以使用井号来写章节标题 (#, ## 和 ### 分别表示第一、第二和第三级标题).

```
# 第一级标题

## 第二级标题

### 第三级标题
```

无序项目的列表可以用 -, * 或 + 编写, 而有序列表项的列表可以用数字编写. 列表可以通过缩进子列表的方式进行嵌套.

```
- 无序项目
- 无序项目
    1. 第一个项目
    2. 第二个项目
    3. 第三个项目
```

- 无序项目
- 无序项目
    1. 第一个项目
    2. 第二个项目
    3. 第三个项目

我们还可以使用 LaTeX 语法编写数学公式.

```
$$\int_0^\infty e^{-x^2} dx=\frac{\sqrt{\pi}}{2}$$
```

$$\int_0^\infty e^{-x^2} dx = \frac{\sqrt{\pi}}{2}$$

可以使用语法 [text](link) 来添加超链接. 例如, 一个指向 R Markdown 网站的超链接可以这样创建:

```
[R Markdown](https://rmarkdown.rstudio.com/)
```

R Markdown[1)]

11.4　 R 代码块

我们想要执行的 R 代码需要在一个 R 代码块中指定. 一个 R 代码块以三个反引号 ```` ```{r} ```` 开始并以三个反引号 ```` ``` ````结束. 我们也可以在 `` `r `` 和 `` ` ``之间写行内 R 代码. 我们可以通过在第一行大括号之间添加用逗号隔开的选项来指定一个块的表现. 例如, 如果我们使用

- echo=FALSE, 表示代码不会显示在文档中, 但是它将会运行, 且输出将显示在文档中;
- eval=FALSE, 表示代码不会运行, 但会显示在文档中;
- include=FALSE, 表示代码会运行, 但代码和输出都不会被包括在文档中;
- results='hide', 表示输出将不被显示, 但代码将运行并显示在文档中.

有时, R 代码会产生一些我们不想包括在最终文件中的信息. 为了抑制它们, 我们可以使用

- error=FALSE 抑制错误;
- warning=FALSE 抑制警告;
- message=FALSE 抑制信息.

此外, 如果我们想要经常使用某些选项, 我们可以在第一个代码块中全局设置这些选项. 然后, 如果我们希望特定代码块有不同的表现, 我们可以为它们指定不同的选项. 例如, 我们可以如下所示来设置以抑制 R 代码和信息:

```
```{r, include=FALSE}
knitr::opts_chunk$set(echo=FALSE, message=FALSE)
```
```

下面我们展示了一个 R 代码块, 该代码块加载了 **gapminder** 软件包, 并附加了 gapminder 数据, 该数据包含了 1952 年至 2007 年的预期寿命、人均国内生产总值 (GDP) (美元, 经通货膨胀调整后) 和各国人口数据. 然后它用 head(gapminder) 显示数据的第一个元素, 用 summary(gapminder) 显示数据的摘要. 该代码块包括一个选项, 可以抑制警告.

```
```{r, warning=FALSE}
library(gapminder)
data(gapminder)
head(gapminder)
summary(gapminder)
```
```

---

1) https://rmarkdown.rstudio.com/

```
# A tibble: 6 x 6
  country     continent  year lifeExp     pop gdpPercap
  <fct>       <fct>     <int>   <dbl>   <int>     <dbl>
1 Afghanistan Asia       1952    28.8 8.43e6      779.
2 Afghanistan Asia       1957    30.3 9.24e6      821.
3 Afghanistan Asia       1962    32.0 1.03e7      853.
4 Afghanistan Asia       1967    34.0 1.15e7      836.
5 Afghanistan Asia       1972    36.1 1.31e7      740.
6 Afghanistan Asia       1977    38.4 1.49e7      786.
```

```
        country           continent         year
 Afghanistan:  12   Africa  :624   Min.   :1952
 Albania    :  12   Americas:300   1st Qu.:1966
 Algeria    :  12   Asia    :396   Median :1980
 Angola     :  12   Europe  :360   Mean   :1980
 Argentina  :  12   Oceania : 24   3rd Qu.:1993
 Australia  :  12                  Max.   :2007
 (Other)    :1632
    lifeExp           pop              gdpPercap
 Min.   :23.6   Min.   :6.00e+04   Min.   :   241
 1st Qu.:48.2   1st Qu.:2.79e+06   1st Qu.:  1202
 Median :60.7   Median :7.02e+06   Median :  3532
 Mean   :59.5   Mean   :2.96e+07   Mean   :  7215
 3rd Qu.:70.8   3rd Qu.:1.96e+07   3rd Qu.:  9325
 Max.   :82.6   Max.   :1.32e+09   Max.   :113523
```

其他可能的 Markdown 语法规范和 R 代码块选项可以在 R Markdown 参考指南[1]中查阅.

11.5 图形

图形可以通过在 R 代码块中编写生成它们的 R 代码来创建. 在 R 代码块中, 我们可以选项定义 fig.cap 来写标题 (caption), 用 fig.align 来指定图的对齐方式 ('left', 'center' 或 'right'). 我们还可以使用 out.width 和 out.height 来指定输出的大小. 例如, out.width = '80%' 意味着输出占页面宽度的 80%.

下面的代码块创建了由数据 gapminder 得到的出生时预期寿命与 2007 年人均 GDP 的关系的散点图 (见图11.1) . 该代码块使用 fig.cap 来指定图的标题.

```{r, fig.cap='2007 年预期寿命与人均 GDP 的对比'}
library(ggplot2)
ggplot(
```

---

1) https://www.rstudio.com/wp-content/uploads/2015/03/rmarkdown-reference.pdf

```
gapminder[which(gapminder$year == 2007), ],
aes(x = gdpPercap, y = lifeExp)
) +
geom_point() +
xlab(" 人均 GDP(美元)") +
ylab(" 预期寿命（年)")+theme_bw()+theme_classic()
```

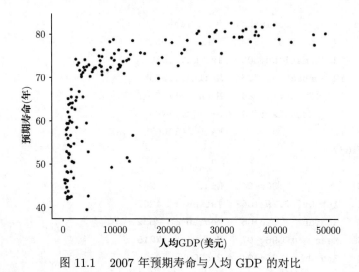

图 11.1   2007 年预期寿命与人均 GDP 的对比

已经保存的图片也可以很容易地用 Markdown 语法添加进来. 例如, 如果图片被保存在 path/img.png 路径中, 它就可以用以下方式包含在文档中.

```
![可选的标题文本](path/img.png)
```

我们也可以用 **knitr** 软件包的函数 `include_graphics()` 来添加图片, 其中允许我们指定代码块选项. 例如, 我们可以如下添加一张居中的图片, 它占据了文档宽度的 25%, 并有标题 "图 1", 如下所示.

```
```{r, out.width='25%', fig.align='center', fig.cap=' 图 1'}
knitr::include_graphics("path/img.png")
```
```

11.6 表格

可以用 **knitr** 软件包中的函数 `kable()` 来添加表格. `kable()` 有一个名为 `caption` 的选项, 用于为生成的表格添加标题. 下面的代码显示了创建数据 **gapminder** 的前几行 (表11.1) .

```{r}
knitr::kable(head(gapminder),
  caption = " 数据"gapminder" 的前几行"
)
```

表 11.1 数据 "gapminder" 的前几行

country	continent	year	lifeExp	pop	gdpPercap
Afghanistan	Asia	1952	28.80	8425333	779.4
Afghanistan	Asia	1957	30.33	9240934	820.9
Afghanistan	Asia	1962	32.00	10267083	853.1
Afghanistan	Asia	1967	34.02	11537966	836.2
Afghanistan	Asia	1972	36.09	13079460	740.0
Afghanistan	Asia	1977	38.44	14880372	786.1

此外, 我们还可以使用 **kableExtra** 软件包 (Zhu, 2019) 来处理表格的样式, 轻松建立常见的复杂表格. 例如, 我们可以使用函数 `kable_styling()` 来调整 PDF 文档中表格的大小或者在 HTML 文档的表格中添加滚动条.

11.7 示例

这里我们展示了如何创建一个对 2007 年的 `gapminder` 数据进行简单分析的 R Markdown 报告. 该文件包括一个数据汇总表、一个预期寿命与 GDP 的散点图, 以及生成这些输出的 R 代码. 该报告以 PDF 格式生成. 为了创建这份报告, 我们首先打开一个新的.`Rmd` 文件, 编写一个 YAML 标题, 其中包括标题、作者、日期并指定 PDF 输出. 然后我们写 R 代码块来生成可视化, 其中夹杂着解释数据、代码和结论的文字. 具体来说, 我们使用函数 `kable()` 来添加一张表格, 其中包括 2007 年的数据摘要 (表 11.2) .

```
library(gapminder)
library(kableExtra)
data(gapminder)
d <- gapminder[which(gapminder$year == 2007), ]
knitr::kable(summary(d),
  caption = "2007 年 "gapminder " 数据摘要"
) %>%
  kable_styling(latex_options = "scale_down")
```

表 11.2   2007 年 "gapminder" 数据摘要

country	continent	year	lifeExp	pop	gdpPercap
Afghanistan: 1	Africa :52	Min. :2007	Min. :39.6	Min. :2.00e+05	Min. : 278
Albania : 1	Americas:25	1st Qu.:2007	1st Qu.:57.2	1st Qu.:4.51e+06	1st Qu.: 1625
Algeria : 1	Asia :33	Median :2007	Median :71.9	Median :1.05e+07	Median : 6124
Angola : 1	Europe :30	Mean :2007	Mean :67.0	Mean :4.40e+07	Mean :11680
Argentina : 1	Oceania : 2	3rd Qu.:2007	3rd Qu.:76.4	3rd Qu.:3.12e+07	3rd Qu.:18009
Australia : 1	NA	Max. :2007	Max. :82.6	Max. :1.32e+09	Max. :49357
(Other) :136	NA	NA	NA	NA	NA

然后, 我们使用 **ggplot2** 软件包中的函数 `ggplot()` 来创建 2007 年世界各国预期寿命与国内生产总值的散点图. 图中的每一个点都代表一个国家. 各点按大洲着色, 其大小与人口成正比. 在 `ggplot()` 中, 我们将 `alpha` 设为 0.5 从而使点透明, 以避免图形叠加 (见图 11.2).

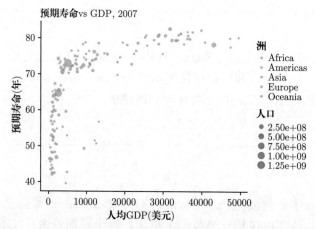

图 11.2   用 **ggplot2** 创建的 2007 年预期寿命与人均 GDP 的对比

```
library(ggplot2)
g <- ggplot(d, aes(
  x = gdpPercap, y = lifeExp,
  color = continent, size = pop, ids = country
)) +
  geom_point(alpha = 0.5) +
  ggtitle(" 预期寿命 vs GDP, 2007") +
  xlab(" 人均 GDP （美元)") +
  ylab(" 预期寿命 （年)") +
  scale_color_discrete(name = " 大洲",
  labels = c(" 非洲", " 美洲", " 亚洲", " 欧洲", " 大洋洲")) +
  scale_size_continuous(name = " 人口")+theme_classic()
g
```

我们还可以使用函数 ggplotly() 创建一个交互式绘图, 只需将 ggplot 对象传递给函数 ggplotly() 即可. 对象 ggplot 有选项 ids = country, 而对象 ggplotly 的工具提示除了显示其他数值外, 还显示国家.

```
library(plotly)
ggplotly(g)
```

最后, 我们通过点击 RStudio 上的 "Knit" 按钮来渲染该文件 (或使用 render() 函数), 获得最终的 PDF 文档. 这个文档可以与其他人分享, 以展示我们的代码和结果. 下面是 R Markdown 文档的完整代码. 在文档的开头, 我们写了一个 R 代码块, 使用 knitr::opts_chunk$set() 不显示其中的警告和信息.

```
---
title: " 世界的预期寿命和 GDP 数据，2007 年."
author: "Paula Moraga"
date: "`r Sys.Date()`"
output: pdf_document
---


```{r}
knitr::opts_chunk$set(warning=FALSE, message=FALSE)
```

引言

这份报告显示了 2007 年世界各国的预期寿命和 GDP 的几个可视化.

数据

数据来自**gapminder**软件包. 与 2007 年相对应的数据摘要见下表.

```{r}
library(gapminder)
data(gapminder)
d <- gapminder[which(gapminder$year == 2007), ]
knitr::kable(summary(d),
  caption = "2007 年"gapminder" 数据汇总"
)
```
```

可视化

我们使用**ggplot2**软件包中的函数`ggplot()` 创建一个预期寿命与
世界 GDP 的散点图. 图中的每一个点都代表一个国家. 点按大洲着
色, 其大小与人口成正比. 在`ggplot()`中, 我们将`alpha`设置为
0.5, 以使各点透明, 避免重复覆盖.

````
```{r, fig.cap='2007 年预期寿命与人均 GDP 的对比'}
library(ggplot2)
library(ggplot2)

g <- ggplot(d, aes(
  x = gdpPercap, y = lifeExp,
  color = continent, size = pop, ids = country
)) +
  geom_point(alpha = 0.5) +
  ggtitle("Life expectancy versus GDP, 2007") +
  xlab("GDP per capita (US$)") +
  ylab("Life expectancy (years)") +
  scale_color_discrete(name = "Continent") +
  scale_size_continuous(name = "Population")
g
```
````

这个图可以用**plotly** 软件包的函数进行交互, 只需将`ggplot`
对象传递给函数`ggplotly()`即可.

请注意, `ggplot`对象有选项 `ids = country`, 而`plotly` 对象的工具
提示除了显示其他数值外, 还显示国家.

````
```{r, fig.cap='2007 年预期寿命与人均 GDP 的对比.'}
library(plotly)
ggplotly(g)
```
````

结论

我们已经直观地表明, 人均 GDP 高的国家的人更长寿, 相同收入水平的
国家之间的预期寿命有很大差异.

第 12 章

用 flexdashboard 建立一个空间数据可视化的仪表盘

仪表盘是有效的数据可视化工具, 有助于以直观和有洞察力的方式传达信息, 是支持数据驱动的决策的关键. **flexdashboard** 软件包 (Iannone 等, 2018) 允许创建包含几个相关的数据可视化的仪表盘, 以 HTML 格式排列在一个屏幕上. 可视化可以包括标准的 R 图形, 也可以包括交互式的 JavaScript 可视化, 称为 HTML 小组件.

在这一章中, 我们展示如何使用 **flexdashboard** 创建一个仪表盘来实现空间数据的可视化. 该仪表盘显示了 2016 年世界各国的细颗粒空气污染水平 ($PM_{2.5}$). 空气污染数据来自 **wbstats** 软件包 (Piburn, 2018) 的世界银行[1]数据, 而世界地图来自 **rnaturalearth** 软件包 (South, 2017). 我们展示了如何创建一个包含多个交互式和静态可视化的仪表盘, 比如用 **leaflet** 制作的地图 (Cheng 等, 2018), 用 **DT** 制作的表格 (Xie 等, 2019), 以及用 **ggplot2** 创建的柱状图 (Wickham 等, 2019a).

12.1　R 软件包 flexdashboard

为了用 **flexdashboard** 创建一个仪表盘, 我们需要写一个 R Markdown 文件, 扩展名为 .Rmd(Allaire 等, 2019). 第 11 章提供了一个关于 R Markdown 的介绍. 在这里, 我们简要地回顾 R Markdown, 并展示如何指定一个仪表盘的布局和组件.

12.1.1　R Markdown

R Markdown 通过添加生成结果的 R 代码和解释工作的叙述性文本, 使工作变得更容易重复. 当 R Markdown 文件被编译时, R 代码被执行, 结果被添加到报告中, 报告可以采用多种格式, 包括 HTML 和 PDF 文档.

一个 R Markdown 文件有三个基本组成部分, 即 YAML 头、文本和 R 代码. 在 R Markdown 文件的顶部, 我们需要在一对三个破折号---之间写上 YAML 头. 这个头指定了几个文件选项, 如标题、作者、日期和输出文件的类型. 要创建一个 flex-dashboard(柔性仪表盘), 我们需要在 YAML 头包含选项 `output: flexdashboard: : flex_dashboard`. R Markdown 文件中的文本是用 Markdown 语法编写的. 例如, 我们可以用星号表示斜体字 (* 文本 *), 用双星号表示粗体字 (** 文本 **). 我们希望执行

---

[1] https://data.worldbank.org/indicator

的 R 代码需要在 R 代码块中指定. 一个 R 代码块以三个反引号 ```` ```{r} ```` 开始并以三个
反引号 ```` ``` ````结束. 我们也可以在 `` `r `` 和 `` ` ``之间写行内 R 代码.

12.1.2 布局

　　仪表盘组件是根据需要指定的布局来显示的. 仪表盘被分为列和行. 我们可以通
过 --------------为每一列创建多列的布局. 仪表盘组件是通过使用 `###` 添加的.
组件包括 R 代码块, 其中包含生成在 ```` ```{r} ```` 和 ```` ``` ````之间编写的可视化所需的代码.
例如, 下面的代码创建了一个有两列的布局, 分别有一个和两个组件. 列的宽度使用
{data-width} 属性来指定.

```
---
title: " 多列仪表盘"
output: flexdashboard::flex_dashboard
---


Column {data-width=600}
-----------------------------------

### 组件 1

```{r}

```

Column {data-width=400}

组件 2

```{r}

```

组件 3

```{r}

```
```

　　通过在 YAML 中添加选项 orientation: rows, 也可以按行而不是按列指定布局.

其他的布局例子包括标签、多页和侧边栏, 在 R Markdown[1])网站上有显示.

12.1.3 仪表盘组件

flexdashboard 可以包括各种各样的组件, 包括:

- 基于 HTML 小工具的交互式 JavaScript 数据可视化. HTML 小工具的例子包括用软件包 **leaflet**, **DT** 和 **dygraphs** 创建的可视化. 其他 HTML 小工具可以在网站https://www.htmlwidgets.org/上看到;
- 用标准 R graphics 软件包创建的图表;
- 用 `knitr::kable()` 创建的简单表格或用 **DT** 软件包创建的交互式表格;
- 用函数 `valueBox()` 创建的数值框, 它显示单个数值, 并带有标题和图标;
- 在指定范围内的计量表上显示数值的仪表;
- 文字、图像和公式;
- 带有社会服务、源代码或其他与仪表盘相关的链接的导航栏.

12.2 全球空气污染可视化仪表盘

这里我们展示了如何建立一个仪表盘来显示 2016 年世界各国的细颗粒物空气污染水平 ($PM_{2.5}$)(见图12.1). 首先, 我们解释如何获得数据和世界地图, 然后展示如何创建仪表盘的可视化. 最后, 我们通过定义布局并添加可视化内容创建仪表盘.

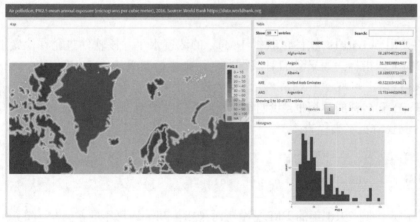

图 12.1　用于可视化空气污染数据的仪表盘的快照

12.2.1 数据

我们使用 **rnaturalearth** 软件包获得世界地图 (见图12.2). 具体来说, 我们使用函数 `ne_countries()` 来获得一个 `SpatialPolygonsDataFrame` 对象, 名为 `map`, 其中有世界各国的多边形. `map` 有一个名为 `name` 的变量 (包含国家名称), 以及一个名为 `iso3c` 的变量, 其中包含了 ISO 标准的 3 个字母的国家代码. 我们将这些变量重新命名为 `NAME` 和 `ISO3`, 它们将在以后被用于连接地图和数据.

---

1) https://rmarkdown.rstudio.com/flexdashboard/layouts.html

```
library(rnaturalearth)
map <- ne_countries()
names(map)[names(map) == "iso_a3"] <- "ISO3"
names(map)[names(map) == "name"] <- "NAME"
plot(map)
```

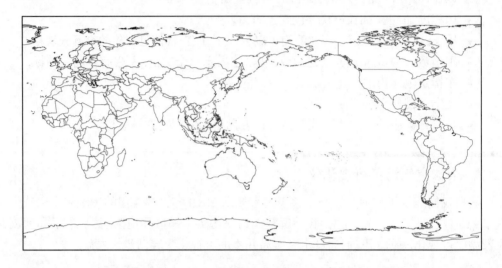

图 12.2   从 **rnaturalearth** 软件包中获得的世界地图

我们使用 **wbstats** 软件包获得 $PM_{2.5}$ 的浓度水平. 该软件包允许检索由世界银行[1]发布的全球指标. 如果我们对获得空气污染指标感兴趣, 可以在函数 wbsearch() 中设置 pattern = "pollution". 这个函数搜索所有符合指定模式的指标, 并返回一个包含其 ID 和名称的数据框. 我们将搜索结果赋值给对象 indicators, 该对象可以通过键入 indicators 来检查.

```
library(wbstats)
indicators <- wbsearch(pattern = "pollution")
```

我们决定绘制 2016 年的 $PM_{2.5}$ 空气污染指标和平均每年的暴露量 (微克/立方米), 其代码是 EN.ATM.PM25.MC.M3. 要下载这些数据, 我们使用函数 wb(), 其中要提供指标代码 (indicator) 和起止日期.

```
d <- wb(
  indicator = "EN.ATM.PM25.MC.M3",
  startdate = 2016, enddate = 2016
)
head(d)
```

---

1) https://data.worldbank.org/indicator

```
  iso3c date value        indicatorID
1   ARB 2016 58.76 EN.ATM.PM25.MC.M3
2   CSS 2016 19.10 EN.ATM.PM25.MC.M3
3   CEB 2016 17.64 EN.ATM.PM25.MC.M3
4   EAR 2016 59.87 EN.ATM.PM25.MC.M3
5   EAS 2016 39.52 EN.ATM.PM25.MC.M3
6   EAP 2016 42.30 EN.ATM.PM25.MC.M3
                                                          indicator
1 PM2.5 air pollution, mean annual exposure (micrograms per cubic meter)
2 PM2.5 air pollution, mean annual exposure (micrograms per cubic meter)
3 PM2.5 air pollution, mean annual exposure (micrograms per cubic meter)
4 PM2.5 air pollution, mean annual exposure (micrograms per cubic meter)
5 PM2.5 air pollution, mean annual exposure (micrograms per cubic meter)
6 PM2.5 air pollution, mean annual exposure (micrograms per cubic meter)
  iso2c                               country
1  1A                             Arab World
2  S3                  Caribbean small states
3  B8          Central Europe and the Baltics
4  V2               Early-demographic dividend
5  Z4                     East Asia & Pacific
6  4E East Asia & Pacific (excluding high income)
```

返回的数据框 d 有一个叫 value 的变量, 含有 $PM_{2.5}$ 值, 还有一个变量叫 iso3c, 含有 ISO 标准的 3 个字母的国家代码. 在 map 中, 我们创建一个名为 PM2.5 的变量, 其中包含检索到的 $PM_{2.5}$ 的值 (d$value). 请注意, 国家在地图和数据中的顺序可能不同. 因此, 当我们将 d$value 赋值给变量 map$PM2.5 时, 我们需要确保所添加的值与正确的国家相对应. 我们可以使用 match() 来计算在地图 (map$ISO3) 和数据 (d$iso3c) 中 ISO3 代码的位置, 并按这个顺序将 d$value 赋值给 map$PM2.5.

```
map$PM2.5 <- d[match(map$ISO3, d$iso3c), "value"]
```

我们可以通过键入 head(map) 来查看 map 的第一行.

12.2.2 使用 DT 制表

现在我们创建仪表盘中的可视化. 首先, 我们用 **DT** 软件包创建一个显示数据的交互式表格 (见图12.3). 我们使用函数 datatable() 来显示一个包括变量 ISO3, NAME 和 PM2.5 的数据框. 我们设置 rownames = FALSE 来隐藏行名, options = list (pageLength = 10) 来设置页面长度等于 10 行. 创建的表格可以对显示的变量进行过滤和排序.

```
library(DT)
DT::datatable(map@data[, c("ISO3", "NAME", "PM2.5")],
```

```
rownames = FALSE, options = list(pageLength = 10)
)
```

ISO3	NAME	PM2.5
AFG	Afghanistan	56.2870467224308
AGO	Angola	31.785388814817
ALB	Albania	18.1899337514472
ARE	United Arab Emirates	40.5221034836171
ARG	Argentina	13.7514440269638
ARM	Armenia	32.2271677279368
ATA	Antarctica	
ATF	Fr. S. Antarctic Lands	
AUS	Australia	8.61450892396923
AUT	Austria	12.5968160524095

Show 10 entries　　　　Search:

Showing 1 to 10 of 177 entries　　Previous　1　2　3　4　5　…　18　Next

图 12.3　一个包含 PM$_{2.5}$ 值的表格

12.2.3 使用 leaflet 制图

接下来, 我们用 **leaflet** 软件包为每个国家的 PM$_{2.5}$ 值创建一个交互式地图 (见图12.4). 为了根据各国的 PM$_{2.5}$ 值为其着色, 我们首先创建一个调色板. 我们称这个调色板为 pal, 它是使用函数 colorNumeric() 来创建的, 参数是: palette 等于 viridis, domain 等于 PM$_{2.5}$ 的值, 分割点 (bins) 等于从 0 到最大 PM$_{2.5}$ 值的序列, 以 10 为单位递增. 为了创建这个地图, 我们使用函数 leaflet() 来传递 map 对象. 我们使用 addTiles() 来添加背景地图, 并加上 setView() 来居中和缩放地图. 然后我们使用 addPolygons() 来绘制地图上的区域. 我们用 PM$_{2.5}$ 值和调色板 pal 给出的颜色为这些区域着色. 此外, 我们还为这些区域的边界 (color) 涂上白色, 并设置 fillOpacity = 0.7, 这样就可以看到背景图了. 最后, 我们用函数 addLegend() 添加一个图例, 指定调色板、数值、半透明度和标题.

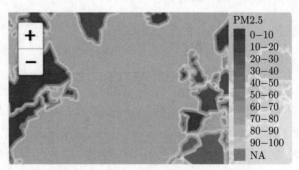

图 12.4　带有 PM$_{2.5}$ 值的 leaflet 地图

我们还希望在标签中显示每个国家的名称和 PM$_{2.5}$ 水平. 我们可以用 HTML 代码创建标签, 然后使用 **htmltools** 软件包中的函数 HTML(), 以便 **leaflet** 知道如何绘制它们. 然后我们把标签加到 `addPolygons()` 的选项 `label` 上, 并添加高亮选项, 以便在鼠标经过这些区域的时候突出显示.

```r
library(leaflet)

pal <- colorBin(
  palette = "viridis", domain = map$PM2.5,
  bins = seq(0, max(map$PM2.5, na.rm = TRUE) + 10, by = 10)
)



map$labels <- paste0(
  "<strong> Country: </strong> ",
  map$NAME, "<br/> ",
  "<strong> PM2.5: </strong> ",
  map$PM2.5, "<br/> "
) %>%
  lapply(htmltools::HTML)

leaflet(map) %>%
  addTiles() %>%
  setView(lng = 0, lat = 30, zoom = 2) %>%
  addPolygons(
    fillColor = ~ pal(PM2.5),
    color = "white",
    fillOpacity = 0.7,
    label = ~labels,
    highlight = highlightOptions(
      color = "black",
      bringToFront = TRUE
    )
  ) %>%
  leaflet::addLegend(
    pal = pal, values = ~PM2.5,
    opacity = 0.7, title = "PM2.5"
  )
```

12.2.4 使用 ggplot2 绘制直方图

我们还可用 **ggplot2** 软件包的函数 `ggplot()` 创建一个 $PM_{2.5}$ 值的直方图 (见图12.5).

```
library(ggplot2)
ggplot(data = map@data, aes(x = PM2.5)) + geom_histogram()+
 labs(y = " 频数") + theme_bw()+theme_classic()
```

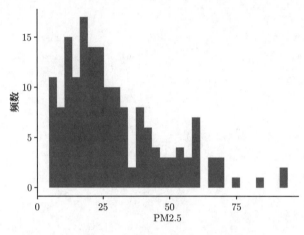

图 12.5　PM$_{2.5}$ 值的直方图

12.2.5　R Markdown 结构: YAML 头与布局

　　现在我们写出 R Markdown 文档的结构. 在 YAML 头部, 我们指定标题和输出文件的类型 (`flexdashboard::flex_dashboard`). 我们创建一个仪表盘, 其中有两栏, 分别为 1 行和 2 行. 栏使用 --------------创建, 而组件使用 **###** 添加. 我们使用 `{data-width}` 属性把第一栏的宽度设置为 600 像素, 第二栏的宽度设置为 400 像素. 我们在第一栏写上 leaflet 地图 R 代码块, 在第二栏写上表格和直方图的 R 代码块.

```
---
title: " 空气污染, PM2.5 年平均暴露量 (微克/立方米), 2016.
 来源: World Bank https://data.worldbank.org"
output: flexdashboard::flex_dashboard
---


Column {data-width=600}
-------------------------------------


### 地图


```{r}


```
```

```
Column {data-width=400}
-----------------------------------


### 表格

```{r}


```

直方图

```{r}


```
```

12.2.6 获取数据并创建可视化的 R 代码

我们通过添加获取数据所需的 R 代码来完成仪表盘的制作和可视化的创建. 在 YAML 代码的下面, 我们添加一个 R 代码块, 其代码用以加载所需的软件包, 并获得地图和 $PM_{2.5}$ 数据. 然后, 在相应的组件中, 我们添加 R 代码块, 其代码用以创建地图、表格和直方图. 最后, 我们编译 R Markdown 文件并获得显示 2016 年全球 $PM_{2.5}$ 水平的仪表盘. 仪表盘的快照如图12.1所示. 创建该仪表盘的完整代码如下:

```
---
title: " 空气污染, PM2.5 年平均暴露量 (微克/立方米), 2016.
  来源: World Bank https://data.worldbank.org"
output: flexdashboard::flex_dashboard
---


```{r}
library(rnaturalearth)
library(wbstats)
library(leaflet)
library(DT)
library(ggplot2)

map <- ne_countries()
names(map)[names(map) == "iso_a3"] <- "ISO3"
names(map)[names(map) == "name"] <- "NAME"
```
```

```r
d <- wb(
  indicator = "EN.ATM.PM25.MC.M3",
  startdate = 2016, enddate = 2016
)


map$PM2.5 <- d[match(map$ISO3, d$iso3), "value"]
```


Column {data-width=600}

地图


```{r}
pal <- colorBin(
  palette = "viridis", domain = map$PM2.5,
  bins = seq(0, max(map$PM2.5, na.rm = TRUE) + 10, by = 10)
)


map$labels <- paste0(
  "<strong> Country: </strong> ",
  map$NAME, "<br/> ",
  "<strong> PM2.5: </strong> ",
  map$PM2.5, "<br/> "
) %>%
  lapply(htmltools::HTML)


leaflet(map) %>%
  addTiles() %>%
  setView(lng = 0, lat = 30, zoom = 2) %>%
  addPolygons(
    fillColor = ~ pal(PM2.5),
    color = "white",
    fillOpacity = 0.7,
    label = ~labels,
    highlight = highlightOptions(
      color = "black",
```

```
      bringToFront = TRUE
    )
  ) %>%
  leaflet::addLegend(
    pal = pal, values = ~PM2.5,
    opacity = 0.7, title = "PM2.5"
  )
```

Column {data-width=400}

表格

```{r}
DT::datatable(map@data[, c("ISO3", "NAME", "PM2.5")],
  rownames = FALSE, options = list(pageLength = 10)
)
```

直方图

```{r}
ggplot(data = map@data, aes(x = PM2.5)) + geom_histogram() +
labs(y = " 频数") + theme_bw()
```

第 13 章

Shiny 介绍

Shiny (Chang 等, 2019) 是一个用于 R 的网络应用框架, 能够建立交互式的网络应用. Shiny 应用程序对于以交互式数据探索的方式 (而不是静态文件) 交流信息是非常有用的. 一个 Shiny 应用程序由一个控制应用程序布局和外观的用户界面函数 `ui` 和一个包含构建用户界面中显示的对象的指令的函数 `server()` 组成. Shiny 应用程序允许用户通过一种叫做反应性的功能进行交互. 通过这种方式, 只要用户修改一些选项, 应用程序中的元素就会被更新. 这就允许对数据进行更好的探索, 并极大地促进了与其他研究人员和利益相关者的交流. 要创建 Shiny 应用程序, 不需要任何网络开发经验, 尽管通过使用 HTML、CSS 或 JavaScript 可以实现更大的灵活性和个性化.

本章解释了构建 Shiny 应用程序的基本原则. 它展示了如何构建应用程序的用户界面和服务器部分, 以及如何创建反应性. 它还展示了如何设计用户界面的基本布局, 并解释了与他人分享应用程序的选项. 更高级的主题, 如反应性的定制和应用程序的外观, 可以在 Shiny 教程网站[1]上查阅. 更高级的 Shiny 应用程序的例子可以在网站 Shiny 画廊[2]上查阅. 第 14 章解释了如何用 Shiny 创建交互式仪表盘. 第 15 章则包含了建立一个 Shiny 应用程序的分步描述, 该应用程序允许用户上传和可视化时空数据.

13.1　Shiny 应用程序示例

图13.1展示了一个 Shiny 应用程序. 这个应用程序包含一个可输入一个数字的数字框, 以及一个由正态分布随机生成的值构建的直方图. 用于构建直方图的值的数量由数字框中指定的数字决定. 每当我们在数字框中输入一个不同的数字, 新生成的值将重新构建直方图.

图13.2展示了第二个 Shiny 应用程序. 这个应用程序展示了一个条形图, 其中显示了某一地区几年来的电话数量. 该地区可以从一个包含所有可能区域的下拉菜单中选择. 每次选择不同的地区时, 条形图都会被重新构建.

---

[1] http://shiny.rstudio.com/tutorial/

[2] http://shiny.rstudio.com/gallery

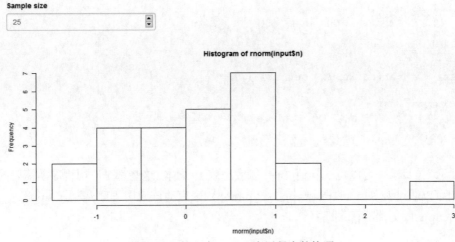

图 13.1　第一个 Shiny 应用程序的快照

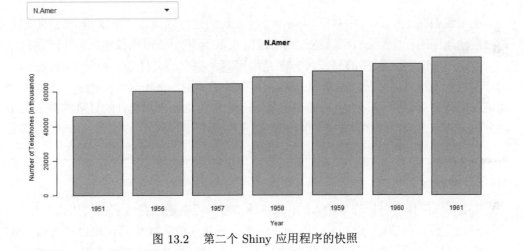

图 13.2　第二个 Shiny 应用程序的快照

13.2　Shiny 应用程序的结构

　　Shiny 应用程序可以通过创建一个目录 (例如 `appdir`) 来构建, 该目录包含一个 R 文件 (例如 `app.R`), 其中有三个组件:

- 用户界面对象 (`ui`), 用于控制应用程序的布局和外观;
- 函数 `server()`, 包含在用户界面上构建可显示的对象的指令;
- 对 `shinyApp()` 函数的调用, 由 `ui`/ `server` 对创建应用程序.

```
# 加载 shiny 软件包
library(shiny)


# 定义用户界面对象
```

```
ui <- fluidPage()

# 定义服务器函数
server <- function(input, output) { }

# 调用 shinyApp(), 从一个明确的 ui/server 对中返回一个 Shiny 应用对象
shinyApp(ui = ui, server = server)
```

注意, 该目录还可以包含其他文件, 如数据或 R 脚本, 这些都是应用程序所需要的. 然后我们可以通过键入 `runApp("appdir_path")` 来启动该应用程序, 其中 `appdir_path` 是包含 `app.R` 文件的目录路径.

```
library(shiny)
runApp("appdir_path")
```

如果我们在 RStudio 中打开 `app.R` 文件, 我们也可以通过点击 RStudio 的运行按钮来启动该应用程序. 我们可以通过点击退出或 R 环境中的停止按钮来停止应用程序.

创建 Shiny 应用程序的另一种方法是编写两个独立的文件 `ui.R` 和 `server.R`, 它们分别包含用户界面和服务器函数. 然后, 可以通过调用 `runApp("appdir_path")` 来启动该应用程序, 其中 `appdir_path` 是存储 `ui.R` 和 `server.R` 文件的目录的路径. 用这种方法创建一个应用程序可能更适合于大型应用程序, 因为它允许更容易地管理代码.

13.3　输入

Shiny 应用程序包括称为输入的网络元素, 用户可以通过修改它们的值来进行互动. 当用户改变输入的值时, Shiny 应用程序中使用该输入值的其他元素就会被更新. 前面例子中的 Shiny 应用程序包含了几个输入. 第一个应用程序展示了一个键入数字的数字型输入和使用该数字构建的直方图. 第二个应用程序展示了一个选择区域的输入和一个在区域被修改时发生变化的条形图.

Shiny 应用程序可以包括各种不同用途的输入, 包括文本、数字和日期 (见图13.3). 这些输入可以被用户修改, 而应用中使用这些输入的对象就会被更新.

为了给 Shiny 应用程序添加一个输入, 我们需要在 ui 中放上一个输入函数 `*Input()`. `*Input()` 函数的一些例子有

- `textInput()`, 创建一个字段来输入文本;
- `dateRangeInput()`, 创建一对日历用于选择一个日期范围;
- `fileInput()`, 创建一个控件来上传文件.

`*Input()` 函数有一个叫 `inputId` 的参数, 其内容是输入的 id, 一个叫 `label` 的参数, 其内容是在应用程序中出现在输入旁边的文本, 还有其他参数, 根据输入目的的不同这些参数也不同. 例如, 我们可以通过 `numericInput(inputId = "n", label =`

"Enter a number", value = 25) 建立一个输入数字的数值型输入. 这个输入的 id 是 n, 标签为 "Enter a number", 默认值是 25. 一个特定的输入值可以通过 input$ 和输入的 id 来得到. 例如, id 为 n 的数值型输入的值可以用 input$n 得到. 我们可以在函数 server() 中用 input$n 建立一个输出. 每次用户在这个输入中输入一个数字, input$n 的值就会改变, 使用它的输出就会更新.

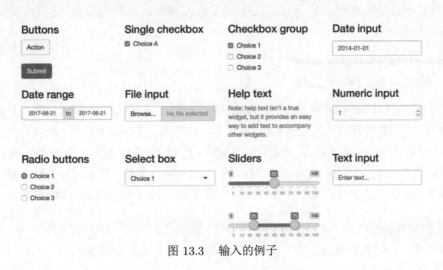

图 13.3　输入的例子

13.4　输出

Shiny 应用程序可以包括各种输出元素, 包括图、表、文本、图像和 HTML 部件 (见图13.4). HTML 小组件是用 JavaScript 库创建的交互式网络数据可视化对象. HTML 小组件的例子有 **leaflet** 软件包创建的互动网络地图以及用 **DT** 软件包创建的互动表格. HTML 小组件可以在 Shiny 中通过使用 **htmlwidgets** 软件包 (Vaidyanathan 等, 2018) 嵌入. 我们可以使用输入的值来构建输出元素, 而这将导致在每次输入值被修改时输出都会被更新.

图 13.4　输出的例子

Shiny 提供了几个输出函数 `*Output()`, 将 R 对象变成用户界面中的输出. 比如说,

- `textOutput()` 创建文本;
- `tableOutput()` 创建一个数据框架、矩阵或其他类似表格的结构;
- `imageOutput()` 创建一个图像.

`*Output()` 函数需要一个名为 `outputId` 的选项, 该选项表示当输出对象在 `server()` 中被建立时反应式元素的 id. 关于输入和输出函数的完整列表可以在 Shiny 参考指南[1]中查阅.

13.5　输入、输出和反应性

正如我们之前看到的, Shiny 应用程序中可以包含各种输入和输出. 输入是我们可以通过修改它们的值进行交互的对象, 如文本、数字或日期. 输出是我们想在应用中显示的对象, 可以是图、表或 HTML 小组件. Shiny 应用程序使用一种叫做反应性 (reactivity) 的功能来支持互动性. 通过这种方式, 我们可以修改输入的值, 而使用这些输入的输出会自动改变. 一个包括输入和输出并支持反应性的 Shiny 应用程序的结构如下所示.

```
ui <- fluidPage(
  *Input(inputId = myinput, label = mylabel, ...)
  *Output(outputId = myoutput, ...)
)

server <- function(input, output){
  output$myoutput <- render*({
    # 构建输出的代码.
    # 如果它使用一个输入值 (input$myinput),
    # 每当输入值发生变化时
    # 输出将被重建
  })}
```

我们可以在 ui 中通过写一个 `*Input()` 函数来包括输入. 输出可以如下创建: 将一个输出函数 `*Output()` 放置在 ui 中, 并在 `server()` 的函数 `render*()` 中指定建立输出的 R 代码.

函数 `server()` 有选项 input 和 output. input 是一个类似于列表的对象, 用于存储应用程序的当前输入值. 比如说 `input$myinput` 是输入的值, 其 id 为 ui 中定义的 `myinput`. output 是一个类似于列表的对象, 用于存储构建应用程序输出的指令. output 中的每个元素都包含了 `render*()` 函数的输出. `render*()` 函数将一个 R 表达式作为选项, 用于构建由大括号 { } 包围的 R 对象. 比如说 `output$hist <- renderPlot({ hist(rnorm(input$myinput)) })` 创建一个直方图, 其中的 `input$`

---

[1] https://shiny.rstudio.com/reference/shiny/1.0.5/

myinput 为由正态分布生成的值. render*() 函数的例子有: renderText() 创建文本, renderTable() 创建数据框、矩阵或其他类似表格的结构, 以及 renderImage() 创建图像.

render*() 函数的输出保存在 output 列表中. 用 *Output() 和 render*() 函数创建的对象需要是相同的类型. 比如说, 要添加一个绘图对象, 我们在 server() 中使用 output$myoutput <- renderPlot({...}) 并在 ui 中使用 plotOutput(outputId = "myoutput"). 反应性是通过将输入的值与输出元素联系起来而产生的. 我们可以通过将输入的值 (input$myinput) 包含在 render*() 表达式中来实现. 因此, 当我们改变一个输入的值时, Shiny 将使用更新的输入值重建所有依赖于该输入的输出.

13.6 Shiny 应用程序示例

这里, 我们展示构建前面例子中两个 Shiny 应用程序的代码, 并解释如何创建交互性.

13.6.1 例 1

第一个 Shiny 应用程序显示了一个数值输入以及用从正态分布中随机生成的值构建的直方图 (见图13.1). 数字 n 由数值输入中键入的数字给出. 每次用户改变数值输入中的数字, 直方图就会被重建. 生成这个 Shiny 应用程序的 app.R 文件的内容如下:

```
# 加载 shiny 软件包
library(shiny)

# 用应用程序的外观定义用户界面对象
ui <- fluidPage(
  numericInput(inputId = "n", label = "Sample size", value = 25),
  plotOutput(outputId = "hist")
)

# 定义 server 函数, 说明如何建立在 ui 中显示的对象
server <- function(input, output) {
  output$hist <- renderPlot({
    hist(rnorm(input$n))
  })
}

# 调用 shinyApp(), 返回 Shiny 应用对象
shinyApp(ui = ui, server = server)
```

用户界面 ui 包含一个 numericInput() 函数, 其 id 为 n, 用于创建数值输入. 这

个输入的标签为 "样本容量", 默认值为 25. 用户在数值输入中键入的值可以用 input$n
获取 (也就是在 input$ 后面加上输入的 id, n), 它表示从正态分布中生成用于构建直方
图的值的数量. ui 也有一个 id 为 hist 的 plotOutput() 函数, 该函数为在 server()
函数中生成的直方图创建了一个位置. 用户界面的所有元素都在 fluidPage() 函数中,
并创建一个显示, 它可自动调整应用程序以适应浏览器窗口的尺寸.

在 server() 函数中, 我们编写代码来构建显示在 Shiny 应用程序中的输出, 这个
函数接受输入并计算输出. 输出 output$hist (ui 中的元素 hist) 被分配了一个图, 这
个图是用指令 hist(rnorm(input$n)) 生成的. 因此, output$hist 是用 rnorm() 函
数随机生成的 input$n 个值的直方图. 这里, input$n 是在数值输入中键入的命名为 n
的数字, n 是在 ui 对象中定义的. 生成直方图的代码被封装在对 renderPlot() 的调
用中, 以表明输出是一个图.

在这里我们看到, 构建图的代码使用了 input$n, 这是定义在 ui 中的 id 为 n 的
输入的值. 这使得该图是反应性的, 每次我们改变输入值 n 时, 直方图都会被重新构建.
最后, 我们通过传递 ui 和 server 来调用 shinyApp(), 这样就可以创建 Shiny 应用
程序.

13.6.2 例 2

第二个 Shiny 应用程序显示了一个下拉菜单, 其中包含世界各地区 (北美、欧洲、亚
洲、南美、大洋洲和非洲) 的名称, 以及一个条形图, 条形图展示了下拉菜单中可供选择
的地区在 1951、1956、1957、1958、1959、1960 和 1961 年的电话数量 (见图13.2). 在
这个应用程序中, 每次用户选择不同的区域时, 条形图都会被重新构建. 该应用中使用
的数据是 **datasets** 包中的数据 WorldPhones. 产生这个 Shiny 应用程序的 app.R 文
件如下:

```
# 加载 shiny 软件包
library(shiny)

# 加载包含 WorldPhones 数据集的数据包
library(datasets)

# 用应用程序的外观定义用户界面对象
ui <- fluidPage(
  selectInput(
    inputId = "region", label = "Region",
    choices = colnames(WorldPhones)
  ),
  plotOutput(outputId = "barplot")
)
```

```
# 定义 server 函数, 说明如何建立在 ui 中显示的对象
server <- function(input, output) {
  output$barplot <- renderPlot({
    barplot(WorldPhones[, input$region],
      main = input$region,
      xlab = "Year",
      ylab = "Number of Telephones (in thousands)"
    )
  })
}

# 调用 shinyApp(), 返回 Shiny 应用对象
shinyApp(ui = ui, server = server)
```

首先, 加载软件包 **shiny** 和 **datasets**. ui 对象定义了应用程序的外观. ui 包含一个 id 为 region 的 selectInput() 的函数, 它创建了带有区域的下拉菜单. 函数 selectInput() 的 label 等于 "Region", choices 等于数据 WorldPhones 中可能的地区列表 (choices = colnames(WorldPhones)). ui 还包含一个 id 为 barplot 的 plotOutput() 函数, 它为将在 server() 函数中生成的条形图创建了一个位置. 通过调用 fluidPage() 函数来创建 ui, 这样应用程序就会自动调整到浏览器窗口的尺寸.

server() 函数包含创建 ui 显示的输出代码. 这个函数接受输入并计算输出. 输出 output$barplot (在 ui 中的元素 barplot) 被分配了一个用指令 barplot(WorldPhones[, input$region], ...) 生成的图. 这里, input$region 是在 ui 中定义的称为 region 的输入中选择的区域, 条形图是用 input$region 列的值计算的. 条形图的标题 (main) 是在 input$region 中给出的区域, x 轴和 y 轴的标签分别是 Year 和 Number of Telephones (in thousands). 生成条形图的代码被封装在 renderPlot() 的调用中, 以表明输出是一个图. 最后, app.R 包括调用 shinyApp(), 选项为 ui 和 server, 这就创建了 Shiny 应用程序.

13.7 HTML 内容

Shiny 应用程序的外观可以通过使用 HTML 内容 (如文本和图像) 来定制. 我们可以用 shiny::tags 对象来添加 HTML 内容. tags 是一个构建特定 HTML 内容的函数列表. 标签 (tag) 函数的名称可以通过 names(tags) 查看. 以下是一些标签函数的例子, 它们的 HTML 对应结果, 以及它们创建的输出:

- h1(): <h1> 第一级标题,
- h2(): <h2> 第二级标题,
- strong(): <strong> 粗体字,
- em(): <em> 斜体字,

- a(): <a> 网页链接,
- img(): <img> 图像,
- br():
 断行,
- hr(): <hr> 水平线,
- div: <div> 具有统一风格的文本划分.

我们可以通过对 tags 列表进行分组来使用这些标签函数中的任何一个. 例如, 要创建一个一级标题, 我们可以写 tags$h1("Header 1"), 要创建一个网页链接, 我们可以写 tags$a(href = "www.webpage.com", "Click here"), 要在一个 HTML 文档中创建一个小节, 我们可以使用 tags$div().

一些标签函数有等效的辅助函数, 使访问它们更容易. 例如, h1() 函数是 tags$h1() 的封装, a() 等同于 tags$a(), div() 等同于 tags$div(). 然而, 大多数标签函数没有等效的辅助函数, 因为它们与一个普通的 R 函数共享一个名字.

我们还可以包括一个不同于标签功能所提供的 HTML 代码. 要做到这一点, 我们需要向 HTML() 函数传递一个原始 HTML 代码的字符串: tags$div(HTML ("<strong> Raw HTML </strong>")). 关于标签函数的其他信息, 可以在 "用 HTML 定制你的用户界面"[1]和 Shiny HTML 标签词汇[2]中查阅到.

13.8　布局

在创建 Shiny 应用程序的用户界面布局方面有几种选择. 在这里, 我们解释了名为侧边栏 (sidebar) 的布局, 其他布局的设定可以在 RStudio 网站[3]上查阅到. 一个采用侧边栏布局的用户界面包括一个标题、在左边的用于输入的侧边栏面板, 以及在右边的用于输出的主面板. 为了创建这种布局, 我们需要用 titlePanel() 为应用程序添加一个标题, 并使用 sidebarLayout() 产生一个带有输入和输出定义的侧边栏. sidebarLayout() 接收选项 sidebarPanel() 和 mainPanel(). sidebarPanel() 在左边创建一个用于输入的侧边栏面板, mainPanel() 在右边创建一个用于显示输出的主面板. 所有这些元素都被放置在 fluidPage() 中, 所以应用程序会自动调整到浏览器窗口的尺寸, 代码如下所示:

```
ui <- fluidPage(
  titlePanel("主题面板"),
  sidebarLayout(
    sidebarPanel("侧边栏面板"),
    mainPanel("主面板")
  )
)
```

1) https://shiny.rstudio.com/articles/html-tags.html
2) https://shiny.rstudio.com/articles/tag-glossary.html
3) https://shiny.rstudio.com/articles/layout-guide.html

我们可以使用侧边栏布局重写第一个例子中的 Shiny 应用程序. 要做到这一点, 我们需要修改 ui 的内容. 首先, 我们用 titlePanel() 添加一个标题. 然后我们在 sidebarLayout() 中加上输入和输出. 在 sidebarPanel() 中, 我们增加 numericInput() 函数, 而在 mainPanel() 中, 我们加上 plotOutput() 函数. 用这种布局创建的 Shiny 应用程序在左边的侧边栏上有数字输入, 在右边的大主区域上有直方图输出 (见图 13.5).

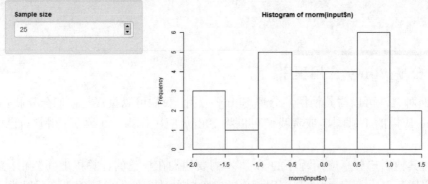

图 13.5 第一个带侧边栏布局的 Shiny 应用程序的快照

```r
# 加载 shiny 软件包
library(shiny)

# 用应用程序的外观定义用户界面对象
ui <- fluidPage(
  titlePanel("Example of sidebar layout"),

  sidebarLayout(
    sidebarPanel(
      numericInput(
        inputId = "n", label = "Sample size",
        value = 25
      )
    ),

    mainPanel(
      plotOutput(outputId = "hist")
    )
  )
)
```

```
# 定义 server 函数, 说明如何建立在 ui 中显示的对象
server <- function(input, output) {
  output$hist <- renderPlot({
    hist(rnorm(input$n))
  })
}


# 调用 shinyApp(), 返回 Shiny 应用对象
shinyApp(ui = ui, server = server)
```

13.9　分享 Shiny 应用程序

有两种方法可以与其他用户分享 Shiny 应用. 我们可以直接与他们分享我们用来创建 Shiny 应用的 R 脚本, 或者我们可以将 Shiny 应用作为一个网页, 用它自己的 URL 来托管:

1. 与其他用户分享应用程序的 R 脚本需要他们在自己的计算机上安装 R. 然后, 他们需要将 app.R 文件和应用程序的其他文件放到他们电脑的一个目录中, 并通过执行 runApp() 函数来启动该应用程序.

2. Shiny 应用程序也可以作为网页托管在它自己的 URL 上, 因此它们可以通过网络浏览器进行导航. 有了这个方法, 其他用户不需要安装 R, 这就允许没有 R 知识的人使用该应用. 我们可以将 Shiny 应用程序作为网页托管在自己的服务器上, 也可以使用 RStudio 提供的几种方式之一来托管, 如 Shinyapps.io[1] 和 Shiny 服务器[2]. 有关这些方法的信息可以通过访问 Shiny 托管和部署网站[3]查阅.

---

[1] https://www.shinyapps.io/

[2] https://www.rstudio.com/products/shiny/shiny-server/

[3] https://shiny.rstudio.com/deploy/

第 14 章

用 flexdashboard 和 Shiny 创建的交互式仪表盘

仪表盘可以直观、快速地传达大量的信息, 是支持数据驱动决策的重要工具. 在第 12 章中, 我们介绍了 R 软件包 **flexdashboard** (Iannone 等, 2018), 它可以用来创建包含多个相关数据可视化的仪表盘. 我们还展示了一个例子, 说明如何通过地图、表格和直方图来建立一个可视化的全球空气污染的仪表盘.

在某些情况下, 我们可能想建立仪表盘, 使用户能够改变选项并立即看到更新的结果. 例如, 我们可能想建立一个在地图和表格中显示结果的仪表盘, 并包含一个滑块, 用户可以通过修改滑块来过滤地图区域以及包含滑块中指定数值范围的表格行. 我们可以通过将 **flexdashboard** 与 Shiny 结合起来, 在仪表盘中添加这一功能. 简而言之, 实现方法如下: 在 R Markdown 文档的 YAML 头中添加 `runtime: shiny`, 然后添加用户可以修改的输入 (如滑块、复选框), 输出 (如地图、表格、图) 以及动态驱动仪表盘内组件的反应式. 请注意, 标准的 **flexdashboard** 是独立的文件, 可以很容易地与他人分享. 然而, 通过将 Shiny 添加到 **flexdashboard** 中, 我们创建的交互式文档需要被部署到服务器上才能被广泛共享. 关于如何使用 Shiny 和 **flexdashboard** 的更多细节, 可以在 **flexdashboard** 网站[1]中看到.

我们还可以通过使用 **shinydashboard** 软件包用 Shiny 创建仪表盘. (Chang 和 Borges Ribeiro, 2018) 这个软件包提供了许多颜色主题, 使我们能够轻松地创建具有吸引力的仪表盘. 关于 **shinydashboard** 的信息可以在 **shinydashboard** 网站[2]上查阅到.

14.1 一个全球空气污染可视化的交互式仪表盘

在这里, 我们用 **flexdashboard** 和 Shiny 创建了一个交互式仪表盘, 它修改了我们在第 12 章创建的显示全球空气污染的仪表盘. 这个仪表盘有一个包含 $PM_{2.5}$ 数值的滑块, 用户可以通过修改滑块来过滤他想要检查的国家. 当滑块被改变时, 仪表盘上的可视化数据就会更新, 并显示与 $PM_{2.5}$ 值在滑块指定的数值范围内的国家对应的数据. 图14.1显示了创建的交互式仪表盘的快照.

为了建立这个仪表盘, 我们在 YAML 头中添加 `runtime: shiny`.

---

1) https://rmarkdown.rstudio.com/flexdashboard/shiny.html
2) https://rstudio.github.io/shinydashboard/

```
---
title: "Air pollution, PM2.5 mean annual exposure (micrograms per cubic
meter), 2016.
  Source: World Bank https://data.worldbank.org"
output: flexdashboard::flex_dashboard
runtime: shiny
---
```

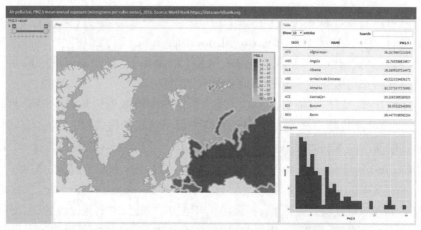

图 14.1   用于可视化空气污染数据的互动式仪表盘的快照

然后, 我们在仪表盘的左侧添加一列, 在这里我们添加滑块来过滤可视化中显示的国家. 在这一列中, 我们添加了 {.sidebar} 属性, 以表明该列出现在左边, 并有一个特殊的背景颜色. {.sidebar} 列的默认宽度是 250 像素. 在这里, 我们对这一列和仪表盘的其他两列的宽度进行修改, 具体如下. 我们用 {.sidebar data-width=200} 来表示侧边栏, 用 {data-width=500} 来表示包含地图的列, 用 {data-width=300} 来表示包含表格和直方图的列.

```
Column {.sidebar data-width=200}
-------------------------------------
```

然后, 我们使用函数 sliderInput() 添加滑块, inputId 等于"rangevalues", label (出现在滑块旁边的文本) 等于 "PM2.5 values:". 然后我们计算变量 minvalue 和 maxvalue 的值作为数据中 $PM_{2.5}$ 值的最小和最大整数. 之后, 我们指出滑块的最小值和最大值 (min 和 max) 等于数据中 $PM_{2.5}$ 值的最小值和最大值 (minvalue 和 maxvalue). 最后, 我们设定 value = c(minvalue, maxvalue), 这样最初滑块的值是在 minvalue 到 maxvalue 的范围内.

```
Column {.sidebar data-width=200}
-------------------------------------
```

```{r}
minvalue <- floor(min(map$PM2.5, na.rm = TRUE))
maxvalue <- ceiling(max(map$PM2.5, na.rm = TRUE))

sliderInput("rangevalues", label = "PM2.5 values:",
            min = minvalue, max = maxvalue,
            value = c(minvalue, maxvalue))

```

然后, 我们修改创建地图、表格和直方图的代码, 使它们显示对应于 PM$_{2.5}$ 值在滑块中选择的数值范围内的国家的数据. 首先, 我们计算一个向量 rowsinrangeslider , 其中包含地图中处于滑块中指定数值范围内的行的索引, 也就是说, 在 input\$rangevalues[1] 和 input\$rangevalues[2] 之间. 然后我们使用一个反应式来创建对象 mapFiltered, 它等于 rowsinrangeslider 对应的 map 的行子集.

```{r}
mapFiltered <- reactive({
rowsinrangeslider <- which(map$PM2.5 >= input$rangevalues[1] &
                           map$PM2.5 <= input$rangevalues[2])
map[rowsinrangeslider, ]})
```

之后, 我们使用 mapFiltered() 而不是 map 来创建可视化, 并使用函数 render*() 来访问反应式中计算的 mapFiltered() 对象. 具体来说, 我们用 renderLeaflet({}) 来渲染地图, 用 renderDT({}) 来渲染表格, 用 renderPlot({}) 来渲染直方图, 这样它们是交互式的.

最后, 为了避免在用 mapFiltered() 渲染不包含任何国家的 leaflet 地图时出现错误, 我们在渲染地图之前检查行数. 如果 mapFiltered() 的行数等于 0, 则停止执行, 返回 NULL.

```{r}
if(nrow(mapFiltered()) == 0){
  return(NULL)
}
```

构建这个全球空气污染交互式仪表盘的完整代码如下.

```
---
title: "Air pollution, PM2.5 mean annual exposure (micrograms per cubic
meter), 2016.
    Source: World Bank https://data.worldbank.org"
output: flexdashboard::flex_dashboard
runtime: shiny
---
```

```{r}
library(rnaturalearth)
library(wbstats)
library(leaflet)
library(DT)
library(ggplot2)

map <- ne_countries()
names(map)[names(map) == "iso_a3"] <- "ISO3"
names(map)[names(map) == "name"] <- "NAME"

d <- wb(indicator = "EN.ATM.PM25.MC.M3",
        startdate = 2016, enddate = 2016)

map$PM2.5 <- d[match(map$ISO3, d$iso3), "value"]
```

Column {.sidebar data-width=200}

```{r}
minvalue <- floor(min(map$PM2.5, na.rm = TRUE))
maxvalue <- ceiling(max(map$PM2.5, na.rm = TRUE))

sliderInput("rangevalues",
  label = "PM2.5 values:",
  min = minvalue, max = maxvalue,
  value = c(minvalue, maxvalue)
)
```

```
```


Column {data-width=500}

Map


```{r}
pal <- colorBin(
  palette = "viridis", domain = map$PM2.5,
  bins = seq(0, max(map$PM2.5, na.rm = TRUE) + 10, by = 10)
)


map$labels <- paste0(
  "<strong> Country: </strong> ",
  map$NAME, "<br/> ",
  "<strong> PM2.5: </strong> ",
  map$PM2.5, "<br/> "
) %>%
  lapply(htmltools::HTML)


mapFiltered <- reactive({
  rowsinrangeslider <- which(map$PM2.5 >= input$rangevalues[1] &
    map$PM2.5 <= input$rangevalues[2])
  map[rowsinrangeslider, ]
})


renderLeaflet({
  if (nrow(mapFiltered()) == 0) {
    return(NULL)
  }


  leaflet(mapFiltered()) %>%
```

```
    addTiles() %>%
    setView(lng = 0, lat = 30, zoom = 2) %>%
    addPolygons(
      fillColor = ~ pal(PM2.5),
      color = "white",
      fillOpacity = 0.7,
      label = ~labels,
      highlight = highlightOptions(
        color = "black",
        bringToFront = TRUE
      )
    ) %>%
    leaflet::addLegend(
      pal = pal, values = ~PM2.5,
      opacity = 0.7, title = "PM2.5"
    )
})
```


Column {data-width=300}

Table


```{r}
renderDT({
  DT::datatable(mapFiltered()@data[, c("ISO3", "NAME", "PM2.5")],
    rownames = FALSE, options = list(pageLength = 10)
  )
})
```


Histogram


```{r}
renderPlot({
```

```
  ggplot(data = mapFiltered()@data, aes(x = PM2.5)) +
    geom_histogram()
})
```

第 15 章

构建一个用来上传和可视化时空数据的 Shiny 应用程序

在这一章中, 我们展示了如何建立一个 Shiny 网络应用程序来上传和可视化时空数据 (Chang 等, 2019). 该应用程序允许上传一个带有区域地图的 shapefile 以及一个 CSV 文件, CSV 文件中包含该区域所划分的每个区域的病例数和人口数. 该应用程序包括各种用于交互式数据可视化的元素, 如用 **leaflet** 构建的地图 (Cheng 等, 2018)、用 **DT** (Xie 等, 2019) 构建的表格以及用 **dygraphs** (Vanderkam 等, 2018) 构建的时间图. 该应用程序还允许交互, 用户可以选择要显示的特定信息. 为了建立这个应用程序, 我们使用了美国俄亥俄州 88 个县从 1968 年到 1988 年的肺癌病例数和人口数据 (见图15.1).

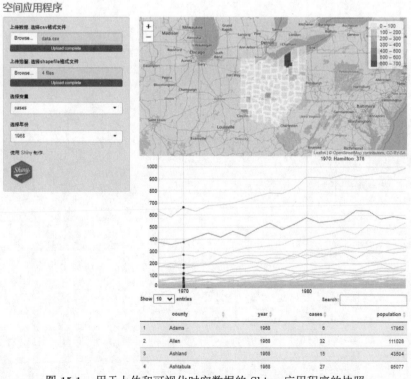

图 15.1　用于上传和可视化时空数据的 Shiny 应用程序的快照

15.1 Shiny

Shiny 是一个适用于 R 的网络应用程序框架, 能够构建交互式网络应用程序. 第 13 章提供了 Shiny 的介绍和例子, 这里我们回顾一下它的基本组成部分. 一个 Shiny 应用程序可以通过创建一个目录 (例如称为 appdir) 来构建, 该目录包含一个 R 文件 (例如称为 app.R), 它有三个组成部分:

- 用户界面对象 (ui), 控制应用程序的布局和外观;
- 一个 server() 函数, 包含建立显示在 ui 中的对象的指令;
- 对 shinyApp() 的调用, 从 ui/server 对创建应用程序.

Shiny 应用程序包含输入和输出对象. 输入允许用户通过修改其数值与应用程序进行交互. 输出是在应用程序中显示的对象. 如果输出是使用输入值构建的, 那么它们就是反应性的. 下面的代码显示了一个通用的 app.R 文件的内容.

```
# 加载 shiny 软件包
library(shiny)

# 定义用户界面对象
ui <- fluidPage(
  *Input(inputId = myinput, label = mylabel, ...)
  *Output(outputId = myoutput, ...)
)

# 定义 server() 函数
server <- function(input, output){
  output$myoutput <- render*({
    # 构建输出的代码.
    # 如果它使用一个输入值 (input$myinput),
        # 每当输入值发生变化时
        # 输出将被重建
  })}

# 调用 shinyApp(), 返回 Shiny 应用对象
shinyApp(ui = ui, server = server)
```

app.R 文件被保存在例如一个叫做 appdir 的目录内. 然后, 可以通过输入 runApp("appdir_path") 来启动该应用程序, 其中 appdir_path 是包含 app.R 的目录的路径, 或者点击 RStudio 的运行按钮.

15.2   设置

为了构建本例的 Shiny 应用程序, 我们需要从书中的网页[1]上下载 `appdir` 文件夹, 并将其保存在我们的电脑中. 这个文件夹包含以下子文件夹:

- `data`, 其中包含一个名为 `data.csv` 的文件, 文件包含俄亥俄州的肺癌数据, 以及一个名为 `fe_2007_39_county` 的文件夹, 文件夹包含俄亥俄州的 shapefile;
- `www` 有一个名为 `imageShiny.png` 的 Shiny 标志的图片.

15.3   app.R 的结构

我们开始创建 Shiny 应用程序, 编写一个名为 `app.R` 的文件, 其中包含创建 Shiny 应用程序所需的最少代码为:

```r
library(shiny)

# ui 对象
ui <- fluidPage( )

# server()
server <- function(input, output){ }

# shinyApp()
shinyApp(ui = ui, server = server)
```

我们将这个文件以 `app.R` 的名字保存在一个名为 `appdir` 的目录中. 然后, 我们可以通过点击 RStudio 编辑器顶部的 Run App 按钮或执行 `runApp("appdir_path")` 来启动该应用程序, 其中 `appdir_path` 是包含 `app.R` 文件的目录的路径. 创建的 Shiny 应用程序有一个空白的用户界面. 在下面的小节中, 我们将希望拥有的元素和功能添加到 Shiny 应用程序中.

15.4   布局

我们建立了一个带有侧边栏布局的用户界面. 这个布局包括一个标题面板、在左边的输入的侧边栏面板以及在右边的输出的主面板. 用户界面的元素被放置在 `fluidPage()` 函数中, 这使得应用程序可以根据浏览器窗口的尺寸自动调整. 应用程序的标题是用 `titlePanel()` 添加的. 然后我们用 `sidebarLayout()` 来创建一个带有输入和输出定义的侧边栏布局. `sidebarLayout()` 接收参数 `sidebarPanel()` 和 `mainPanel()`.

---

[1] https://paula-moraga.github.io/book-geospatial-info

sidebarPanel() 在左边创建一个用于输入的侧边面板, mainPanel() 在右边创建一个用于显示输出的主面板.

```
ui <- fluidPage(
  titlePanel("标题"),
  sidebarLayout(
    sidebarPanel("用于输入的侧边栏面板"),
    mainPanel("用于输出的主面板")
  )
)
```

我们可以将内容作为参数传递给 titlePanel()、sidebarPanel() 和 mainPanel() 来向应用程序添加内容. 在这里, 我们已经添加了带有面板描述的文本. 注意, 要在同一个面板中包含多个元素, 我们需要用逗号来分隔它们.

15.5 HTML 的内容

在这里, 我们为该应用程序添加一个标题、一张图片和一个网站链接. 首先, 我们在 titlePanel() 中添加标题 "空间应用程序". 我们想用蓝色显示这个标题, 所以我们用 p() 来创建一个带有文本[1]的段落, 并将样式颜色设置为 #3474A7.

```
titlePanel(p("空间应用程序", style = "color:#3474A7")),
```

然后我们用函数 img() 添加一个图像. 我们希望包含在应用程序中的图像必须在名为 www 的文件夹中, 与 app.R 文件所在目录相同. 我们使用名为 imageShiny.png 的图片, 并使用以下命令将其放入 sidebarPanel() 中:

```
sidebarPanel(img(src = "imageShiny.png",
                 width = "70px", height = "70px")),
```

这里 src 表示图像的来源, height 和 width 分别为图像的高度和宽度, 单位为像素. 我们还添加了一个链接的文本, 指向 Shiny 网站.

```
p(" 使用", a("Shiny",
              href = "http://shiny.rstudio.com"), "制作."),
```

注意, 在 sidebarPanel() 中, 我们需要编写生成网站链接的函数和包含图片的函数, 两者用逗号分开.

---

[1] 如果程序中出现中文, 需要以 utf-8 编码存储, 通过在 RStudio 的 file 菜单下选择 Save with Encoding 操作.

```
sidebarPanel(
p("使用", a("Shiny",
                href = "http://shiny.rstudio.com"), "制作."),
img(src = "imageShiny.png",
    width = "70px", height = "70px")),
```

下面是我们到现在为止的 **app.R** 的内容. Shiny 应用程序的快照如图15.2所示.

图 15.2   包括标题、图片和网站链接的 Shiny 应用程序的快照

```
library(shiny)

# ui 对象
ui <- fluidPage(
  titlePanel(p("空间应用程序", style = "color:#3474A7")),
  sidebarLayout(
    sidebarPanel(
      p("使用", a("Shiny",
        href = "http://shiny.rstudio.com"
      ), "制作."),
```

```
    img(
      src = "imageShiny.png",
      width = "70px", height = "70px"
    )
  ),
  mainPanel("用于输出的主面板")
  )
)

# server()
server <- function(input, output) { }

# shinyApp()
shinyApp(ui = ui, server = server)
```

15.6 读取数据

现在我们导入想在应用程序中显示的数据. 这些数据在 `appdir` 目录下名为 `data` 的文件夹中. 为了读取 CSV 文件 `data.csv`, 我们使用 `read.csv()` 函数, 为了读取文件夹 `fe_2007_39_county` 中的俄亥俄州的 shapefile, 我们使用 **rgdal** 软件包中的 `readOGR()` 函数.

```
library(rgdal)
data <- read.csv("data/data.csv")
map <- readOGR("data/fe_2007_39_county/fe_2007_39_county.shp")
```

我们只需要读取一次数据, 所以我们在 `server()` 函数之外的 `app.R` 的开头写上这段代码. 这样做, 代码就不必多跑一次, 应用程序的性能也不会下降.

15.7 添加输出

现在, 我们在 Shiny 应用程序中展示数据, 包括几个用于互动可视化的输出. 具体来说, 我们包含了用 JavaScript 库创建的 HTML 小组件, 并通过使用 **htmlwidgets** 软件包嵌入到 Shiny 中 (Vaidyanathan 等, 2018). 这些输出是使用以下软件包创建的:

- **DT**, 以交互式表格显示数据,
- **dygraphs**, 用于显示数据的时间图,
- **leaflet**, 创建一个互动地图.

在应用程序中添加输出的方式是: 在 `ui` 中为输出添加一个 `*Output()` 函数, 在 `server()` 中为输出添加一个 `render*()` 函数, 指定如何建立输出. 例如, 要添加一个绘图, 我们在 `ui` 中编写 `plotOutput()`, 在 `server()` 中编写 `renderPlot()`.

15.7.1　使用 DT 制表

我们用 **DT** 软件包的交互式表格来展示数据. 在 ui 中, 我们使用 DTOutput(), 在 server() 中, 我们使用 renderDT().

```
library(DT)

# 在 ui 中
DTOutput(outputId = "table")

# 在 server() 中
output$table <- renderDT(data)
```

15.7.2　使用 dygraphs 画时间图

我们用 **dygraphs** 软件包展示了一个带有数据的时间图. 在 ui 中我们使用 dygraphOutput(), 在 server() 中我们使用 renderDygraph(). **dygraphs** 绘制一个可扩展的时间序列对象 xts. 我们可以使用 xts 软件包 (Ryan 和 Ulrich, 2018) 的 xts() 函数创建这种类型的对象, 指定数值和日期. data 中的日期是 year 列的年份. 现在我们选择绘制 data 中的变量 cases 的值.

我们需要为每个县构建一个 xts 对象, 然后把它们放在一个叫做 dataxts 的对象中. 对于每个县, 我们过滤该县的数据并将其赋值给 datacounty. 然后我们构造一个 xts 对象, 其值为 datacounty$cases, 日期为 as.Date(paste0(datacounty$year, "-01-01")). 然后我们把县的名称分配给每个 xts (colnames(dataxts)<-counties), 这样县名就可以在图例中显示出来.

```
dataxts <- NULL
counties <- unique(data$county)
for (l in 1:length(counties)) {
  datacounty <- data[data$county == counties[l], ]
  dd <- xts(
    datacounty[, "cases"],
    as.Date(paste0(datacounty$year, "-01-01"))
  )
  dataxts <- cbind(dataxts, dd)
}
colnames(dataxts) <- counties
```

最后, 我们用 dygraph() 绘制 dataxts, 并使用 dyHighlight() 来实现鼠标悬停时高亮显示.

```
dygraph(dataxts) %>%
  dyHighlight(highlightSeriesBackgroundAlpha = 0.2)
```

我们自定义图例, 以便只显示高亮系列的名称. 要做到这一点, 我们可以编写一个带有说明的 css 文件, 并将 css 文件传递给 dyCSS() 函数. 另外, 我们也可以按如下方式在代码中直接设置 css:

```
dygraph(dataxts) %>%
  dyHighlight(highlightSeriesBackgroundAlpha = 0.2) -> d1

d1$x$css <- "
.dygraph-legend > span {display:none;}
.dygraph-legend > span.highlight { display: inline; }
"

d1
```

建立 dygraphs 对象的完整代码如下:

```
library(dygraphs)
library(xts)

# 在 ui 中
dygraphOutput(outputId = "timetrend")

# 在 server() 中
output$timetrend <- renderDygraph({
  dataxts <- NULL
  counties <- unique(data$county)
  for (l in 1:length(counties)) {
    datacounty <- data[data$county == counties[l], ]
    dd <- xts(
      datacounty[, "cases"],
      as.Date(paste0(datacounty$year, "-01-01"))
    )
    dataxts <- cbind(dataxts, dd)
  }
  colnames(dataxts) <- counties

  dygraph(dataxts) %>%
    dyHighlight(highlightSeriesBackgroundAlpha = 0.2) -> d1
```

```
  d1$x$css <- "
.dygraph-legend > span {display:none;}
.dygraph-legend > span.highlight { display: inline; }
 "
  d1
})
```

15.7.3　使用 leaflet 制图

我们使用 **leaflet** 软件包来建立一个交互式地图. 在 ui 中我们使用 leafletOutput(), 而在 server() 中我们使用 renderLeaflet(). 在 renderLeaflet() 里面, 我们编写了返回 leaflet 地图的指令. 首先, 我们需要将数据添加到 shapefile 中, 以便将数值绘制在地图上. 现在我们选择将变量的值绘制在 1980 年. 我们创建一个叫做 datafiltered 的数据集, 其中包含与该年对应的数据. 然后我们将 datafiltered 添加到 map@data 中, 其顺序是: 数据中的县与地图中的县相匹配.

```
datafiltered <- data[which(data$year == 1980), ]
# 这返回 datafiltered$county 中 map@data$NAME 的位置
ordercounties <- match(map@data$NAME, datafiltered$county)
map@data <- datafiltered[ordercounties, ]
```

我们用 leaflet() 函数创建 leaflet 地图, 用 colorBin() 创建调色板, 用 addLegend() 添加图例. 现在我们选择绘制变量 cases 的值. 我们还添加了带有区域名称和数值的标签, 当鼠标移到地图上时就会显示出来.

```
library(leaflet)

# 在 ui 中
leafletOutput(outputId = "map")

# 在 server() 中
output$map <- renderLeaflet({

  # 将数据添加到地图上
  datafiltered <- data[which(data$year == 1980), ]
  ordercounties <- match(map@data$NAME, datafiltered$county)
  map@data <- datafiltered[ordercounties, ]

  # 创建 leaflet
  pal <- colorBin("YlOrRd", domain = map$cases, bins = 7)
```

```
labels <- sprintf("%s: %g", map$county, map$cases) %>%
  lapply(htmltools::HTML)

l <- leaflet(map) %>%
  addTiles() %>%
  addPolygons(
    fillColor = ~ pal(cases),
    color = "white",
    dashArray = "3",
    fillOpacity = 0.7,
    label = labels
  ) %>%
  leaflet::addLegend(
    pal = pal, values = ~cases,
    opacity = 0.7, title = NULL
  )
})
```

下面是我们到目前为止的 **app.R** 的内容. Shiny 应用程序的快照如图15.3所示.

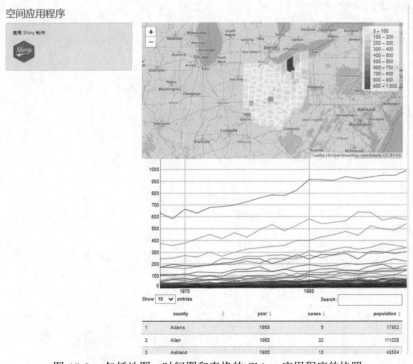

图 15.3　包括地图、时间图和表格的 Shiny 应用程序的快照

```r
library(shiny)
library(rgdal)
library(DT)
library(dygraphs)
library(xts)
library(leaflet)

data <- read.csv("data/data.csv")
map <- readOGR("data/fe_2007_39_county/fe_2007_39_county.shp")

# ui 对象
ui <- fluidPage(
  titlePanel(p("空间应用程序", style = "color:#3474A7")),
  sidebarLayout(
    sidebarPanel(
      p("使用", a("Shiny",
        href = "http://shiny.rstudio.com"
      ), "制作."),
      img(
        src = "imageShiny.png",
        width = "70px", height = "70px"
      )
    ),
    mainPanel(
      leafletOutput(outputId = "map"),
      dygraphOutput(outputId = "timetrend"),
      DTOutput(outputId = "table")
    )
  )
)

# server()
server <- function(input, output) {
  output$table <- renderDT(data)

  output$timetrend <- renderDygraph({
    dataxts <- NULL
    counties <- unique(data$county)
    for (l in 1:length(counties)) {
```

```
    datacounty <- data[data$county == counties[1], ]
    dd <- xts(
      datacounty[, "cases"],
      as.Date(paste0(datacounty$year, "-01-01"))
    )
    dataxts <- cbind(dataxts, dd)
  }
  colnames(dataxts) <- counties

  dygraph(dataxts) %>%
    dyHighlight(highlightSeriesBackgroundAlpha = 0.2) -> d1

  d1$x$css <- "
.dygraph-legend > span {display:none;}
.dygraph-legend > span.highlight { display: inline; }
"
  d1
})

output$map <- renderLeaflet({

# 将数据添加到地图上
    datafiltered <- data[which(data$year == 1980), ]
    ordercounties <- match(map@data$NAME, datafiltered$county)
    map@data <- datafiltered[ordercounties, ]

    # 创建 leaflet
    pal <- colorBin("YlOrRd", domain = map$cases, bins = 7)

    labels <- sprintf("%s: %g", map$county, map$cases) %>%
      lapply(htmltools::HTML)

    l <- leaflet(map) %>%
      addTiles() %>%
      addPolygons(
        fillColor = ~ pal(cases),
        color = "white",
        dashArray = "3",
        fillOpacity = 0.7,
```

```
      label = labels
    ) %>%
    leaflet::addLegend(
      pal = pal, values = ~cases,
      opacity = 0.7, title = NULL
    )
  })
}


# shinyApp()
shinyApp(ui = ui, server = server)
```

15.8　添加反应性

现在我们增加了一些功能, 使用户能够选择一个特定的变量和年份来显示. 为了能够选择一个变量, 我们添加一个包含所有可能变量的菜单输入. 然后, 当用户选择一个特定的变量时, 地图和时间图将被重新构建. 为了在 Shiny 应用程序中添加一个输入, 我们需要在 ui 对象中放置一个输入函数 *Input(). 每个输入函数都需要几个选项, 前两个是 inputId 和 label, 前者是一个获取输入值所需的 id, 后者是应用程序中出现在输入旁边的文本. 我们用包含变量的可能选择的菜单来创建输入, 如下所示:

```
# 在 ui 中
selectInput(
  inputId = "variableselected",
  label = "选择变量",
  choices = c("cases", "population")
)
```

在这个输入中, id 是 variableselected, 标签是 "选择变量", choices 包含变量 "cases" 和 "population". 这个输入的值可以用 input$variableselected 获取. 我们通过在构建输出的 server() 中的 render*() 表达式中包含输入的值 (input$variableselected) 来创建反应性. 因此, 当我们在菜单中选择一个不同的变量时, 所有依赖于输入的输出都将使用更新的输入值被重新构建.

同样地, 我们添加一个菜单, 其 id 为 yearselected, 其 choices 等于所有可能的年份, 这样我们就可以选择我们想看的年份. 当我们选择一个年份时, 输入值 input$ yearselected 会发生变化, 所有依赖于它的输出都将使用新的输入值重新构建.

```
# 在 ui 中
selectInput(
```

```
  inputId = "yearselected",
  label = "选择年份",
  choices = 1968:1988
)
```

15.8.1 dygraphs 中的反应性

在这一节中, 我们修改 dygraphs 时间图和 leaflet 地图, 使它们在输入值为 input$variableselected 和 input$yearselected 的情况下建立. 我们修改 renderDygraph(), 写 入 datacounty[, "cases"] 而 不 是 datacounty[, input$variableselected].

```
# 在 server() 中
output$timetrend <- renderDygraph({
  dataxts <- NULL
  counties <- unique(data$county)
  for (l in 1:length(counties)) {
    datacounty <- data[data$county == counties[l], ]
    # 通过 input$variableselected 修改 "cases"
    dd <- xts(
      datacounty[, input$variableselected],
      as.Date(paste0(datacounty$year, "-01-01"))
    )
    dataxts <- cbind(dataxts, dd)
  }
  ...
})
```

15.8.2　leaflet 中的反应性

我们还通过选择与年份 input$yearselected 对应的数据来修改 renderLeaflet(), 并绘制变量 input$variableselected, 而不是变量 cases. 我们在 map 中创建了一个新的列, 名为 variableplot, 其中包含变量 input$variableselected 的值, 并用 variableplot 中的值绘制地图.　在 leaflet() 中, 我们修改了 colorBin()、addPolygons()、addLegend() 以及 labels, 以显示 variableplot 而不是变量 cases.

```
output$map <- renderLeaflet({

  # 将数据添加到地图上
  # 通过 input$yearselected 修改 1980
  datafiltered <- data[which(data$year == input$yearselected), ]
  ordercounties <- match(map@data$NAME, datafiltered$county)
```

```r
map@data <- datafiltered[ordercounties, ]

# 创建 variableplot
# 添加这个来创建 variableplot
map$variableplot <- as.numeric(
  map@data[, input$variableselected]
)


# 创建 leaflet
# 通过 map$variableplot 修改 map$cases
pal <- colorBin("YlOrRd", domain = map$variableplot, bins = 7)

# 通过 map$variableplot 修改 map$cases
labels <- sprintf("%s: %g", map$county, map$variableplot) %>%
  lapply(htmltools::HTML)

# 通过 variableplot 修改 cases
l <- leaflet(map) %>%
  addTiles() %>%
  addPolygons(
    fillColor = ~ pal(variableplot),
    color = "white",
    dashArray = "3",
    fillOpacity = 0.7,
    label = labels
  ) %>%
  # 通过 variableplot 修改 cases
  leaflet::addLegend(
    pal = pal, values = ~variableplot,
    opacity = 0.7, title = NULL
  )
})
```

　　请注意, 修改现有 leaflet 地图的一个更好的方法是使用 leafletProxy() 函数. 关于如何使用这个函数的细节可在 RStudio 网站[1]上查阅. app.R 文件的内容如下所示, 图15.4是 Shiny 应用程序的快照.

---

[1] https://rstudio.github.io/leaflet/shiny.html

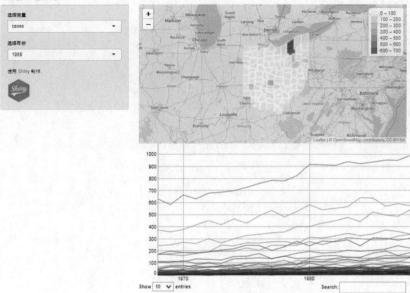

图 15.4 添加反应性的 Shiny 应用程序的快照

```r
library(shiny)
library(rgdal)
library(DT)
library(dygraphs)
library(xts)
library(leaflet)

data <- read.csv("data/data.csv")
map <- readOGR("data/fe_2007_39_county/fe_2007_39_county.shp")

# ui 对象
ui <- fluidPage(
  titlePanel(p("空间应用程序", style = "color:#3474A7")),
  sidebarLayout(
    sidebarPanel(
      selectInput(
        inputId = "variableselected",
        label = "选择变量",
        choices = c("cases", "population")
      ),
```

```
  selectInput(
    inputId = "yearselected",
    label = "选择年份",
    choices = 1968:1988
  ),

  p("使用", a("Shiny",
    href = "http://shiny.rstudio.com"
  ), "制作."),
  img(
    src = "imageShiny.png",
    width = "70px", height = "70px"
  )
),

mainPanel(
  leafletOutput(outputId = "map"),
  dygraphOutput(outputId = "timetrend"),
  DTOutput(outputId = "table")
)
)
)


# server()
server <- function(input, output) {
  output$table <- renderDT(data)

  output$timetrend <- renderDygraph({
    dataxts <- NULL
    counties <- unique(data$county)
    for (l in 1:length(counties)) {
      datacounty <- data[data$county == counties[l], ]
      dd <- xts(
        datacounty[, input$variableselected],
        as.Date(paste0(datacounty$year, "-01-01"))
      )
      dataxts <- cbind(dataxts, dd)
    }
    colnames(dataxts) <- counties
```

```
   dygraph(dataxts) %>%
      dyHighlight(highlightSeriesBackgroundAlpha = 0.2) -> d1

   d1$x$css <- "
.dygraph-legend > span {display:none;}
.dygraph-legend > span.highlight { display: inline; }
"
   d1
})

output$map <- renderLeaflet({

   # 将数据添加到地图上
   # 通过 input$yearselected 修改 1980
   datafiltered <- data[which(data$year == input$yearselected), ]
   ordercounties <- match(map@data$NAME, datafiltered$county)
   map@data <- datafiltered[ordercounties, ]

   # 创建 variableplot
   # 添加这个来创建 variableplot
   map$variableplot <- as.numeric(
      map@data[, input$variableselected])

   # 创建 leaflet
   # 通过 map$variableplot 修改 map$cases
   pal <- colorBin("YlOrRd", domain = map$variableplot, bins = 7)

   # 通过 map$variableplot 修改 map$cases
   labels <- sprintf("%s: %g", map$county, map$variableplot) %>%
      lapply(htmltools::HTML)

   # 通过 variableplot 修改 cases
   l <- leaflet(map) %>%
      addTiles() %>%
      addPolygons(
         fillColor = ~ pal(variableplot),
         color = "white",
         dashArray = "3",
         fillOpacity = 0.7,
```

```
    label = labels
  ) %>%
  # 通过 variableplot 修改 cases
  leaflet::addLegend(
    pal = pal, values = ~variableplot,
    opacity = 0.7, title = NULL
  )
})
}


# shinyApp()
shinyApp(ui = ui, server = server)
```

15.9　上传数据

我们想让用户上传他或她自己的文件, 而不是在应用程序开始时读取数据. 为了做到这一点, 我们删除之前用来读取数据的代码, 并添加两个输入, 以便能够上传一个 CSV 文件和一个 shapefile 文件.

15.9.1　在 ui 中输入以上传 CSV 文件和 shapefile 文件

我们用 fileInput() 函数创建输入来上传数据. fileInput() 有一个叫做 multiple 的参数, 可以被设置为 TRUE 以允许用户选择多个文件. 它还有一个叫 accept 的参数, 可以被设置为一个字符向量, 包含输入所期望的文件类型. 这里我们写了两个输入, 其中一个输入是用来上传数据的, 这个输入的 id 为 filedata, 输入值可以用 input$filedata 获取. 这个输入接受 .csv 文件.

```
# 在 ui 中
fileInput(inputId = "filedata",
        label = "上传数据. 选择 csv 格式文件",
        accept = c(".csv")),
```

另一个输入是上传 shapefile.　这个输入的 id 是 filemap, 输入值可以用 input$filemap 获取. 这个输入可以接受多个类型的文件, 包括 '.shp', '.dbf', '.sbn', '.sbx', '.shx' 和 '.prj'.

```
# 在 ui 中
fileInput(inputId = "filemap",
        label = "上传地图. 选择 shapefile 格式文件",
        multiple = TRUE,
        accept = c('.shp','.dbf','.sbn','.sbx','.shx','.prj')),
```

注意, 一个 shapefile 由不同的文件组成, 扩展名为 .shp、.dbf、.shx 等. 当我们在 Shiny 应用程序中上传 shapefile 时, 我们需要一次性上传所有这些文件. 也就是说, 我们需要选择所有的文件, 然后点击上传. 只选择扩展名为 .shp 的文件并不能上传 shapefile.

15.9.2 在 `server()` 中上传 CSV 文件

我们使用输入值来读取 CSV 文件和 shapefile 文件. 我们在一个反应式 (reactive expression) 中完成这个任务. 反应式是一个 R 表达式, 它使用一个输入值并返回一个值. 为了创建一个反应式, 我们使用 `reactive()` 函数, 它接收一个由大括号 (`{}`) 包围的 R 表达式. 只要输入值发生变化, 反应式就会更新.

例如, 我们用 `read.csv(input$filedata$datapath)` 读取数据, 其中 `input$filedata$datapath` 是包含在上传数据的输入值中的数据路径. 我们把 `read.csv(input$filedata$datapath)` 放在 `reactive()` 里面. 这样, 每次 `input$filedata$datapath` 被更新时, 反应式就会被重新执行. 反应式的输出被分配给 `data`. 在 `server()` 中, `data` 可以用 `data()` 访问. 每次重新执行建立的反应式时, `data()` 就会被更新.

```
# 在 server() 中
data <- reactive({read.csv(input$filedata$datapath)})
```

15.9.3 在 `server()` 中上传 shapefile

我们还写了一个反应式来读取地图. 我们把反应式的结果分配给 `map`. 在 `server()` 中, 我们用 `map()` 访问地图. 为了读取 shapefile, 我们使用 **rgdal** 软件包的 `readOGR()` 函数. 当用 `fileInput()` 上传文件时, 它们的名字与目录中的不同. 我们首先用实际的名字重命名文件, 然后用 `readOGR()` 读取 shapefile, 并将文件以 .shp 后缀命名.

```
# 在 server() 中
map <- reactive({
  # shpdf 是一个数据框, 包含上传文件的名称、大小、类型和数据路径
  shpdf <- input$filemap

  # 上传的文件名称为 0.dbf, 1.prj, 2.shp, 3.xml, 4.shx
  # (path/names 是在 datapath 列中)
  # 我们需要把这些文件重新命名为实际的名字: fe_2007_39_county.dbf, 等等
  # (这些在 name 列中)

  # 上传文件的临时目录的名称
  tempdirname <- dirname(shpdf$datapath[1])

  # 重新命名文件
```

```r
for (i in 1:nrow(shpdf)) {
  file.rename(
    shpdf$datapath[i],
    paste0(tempdirname, "/", shpdf$name[i])
  )
}


# 现在我们用 rgdal 软件包的 readOGR() 读取 shapefile
# 传递扩展名为 .shp 的文件名


# 我们在字符向量 shpdf$name 的每个元素中
# 使用函数 grep() 来搜索模式 "*.shp$".
# grep(pattern="*.shp$", shpdf$name)
# (末尾的 $ 表示以 .shp 结尾的文件
# 而不仅仅是包含 .shp 的文件)
map <- readOGR(paste(tempdirname,
  shpdf$name[grep(pattern = "*.shp$", shpdf$name)],
  sep = "/"
))
map
})
```

15.9.4 获取数据和地图

为了在 renderDT(), renderLeaflet() 和 renderDygraph() 中访问数据和地图,
我们使用 map() 和 data().

```r
# 在 server() 中

output$table <- renderDT(
  data()
)


output$map <- renderLeaflet({
  map <- map()
  data <- data()
  ...
})



output$timetrend <- renderDygraph({
```

```
  data <- data()
  ...
})
```

15.10 处理缺失的输入

在添加了上传 CSV 文件和 shapefile 的输入后, 我们注意到 Shiny 应用程序中的输出会出现错误信息, 直到文件被上传 (见图15.5). 在这里, 我们修改了 Shiny 应用程序, 在文件被上传之前通过添加避免显示输出的代码, 以消除这些错误信息.

图 15.5 添加了上传数据和地图的输入的 Shiny 应用程序的快照. Shiny 应用程序会显示错误信息, 直到文件被上传

15.10.1 使用 req() 请求可用的输入文件

首先, 在读取文件的反应式中, 我们添加 req(input$inputId), 以要求 input$inputId 在显示输出之前必须可用. req() 用来评估其参数, 它一次计算一个, 如果缺少这些参数, 反应式的执行就会停止. 通过这种方式, 由反应式返回的值不会被更新, 使用由反应式返回的值的输出就不会被重新执行. 关于如何使用 req() 的详细信息, 请参见 RStudio 网站[1].

我们在读取数据的反应式的开头加入 req(input$filedata). 如果数据还没有被上传, input$filedata 等于 "". 这就中止了反应式的执行, 那么 data() 不被更新, 取决于 data() 的输出也不被执行.

```
# 在 ui 中. 读取数据的 reactive() 的第一行
req(input$filedata)
```

同样地, 我们在读取地图的反应式的开头添加 req(input$filemap). 如果地图还

---
[1] https://shiny.rstudio.com/articles/req.html

没有被上传, `input$filemap` 就缺失, 反应式的执行就会停止, `map()` 不会被更新, 依赖于 `map()` 的输出也不会被执行.

```
# 在 ui 中. 读取地图的 reactive() 的第一行
req(input$filemap)
```

15.10.2　在创建地图之前检查数据是否已上传

在构建 leaflet 地图之前, 必须将数据添加到 shapefile 中. 要做到这一点, 我们需要确保数据和地图都已上传. 我们可以通过在 `renderLeaflet()` 的开头写入以下代码来实现.

```
output$map <- renderLeaflet({
  if (is.null(data()) | is.null(map())) {
    return(NULL)
    }
    ...
})
```

当 `data()` 或 `map()` 被更新时, `renderLeaflet()` 的指令被执行. 然后, 在 `renderLeaflet()` 的开始, 会检查 `data()` 或 `map()` 是否为 `NULL`. 如果是 `TRUE`, 则停止执行, 返回 `NULL`. 这就避免了当这两个元素中的任何一个是 `NULL` 时, 我们在尝试将数据添加到地图中时产生的错误.

15.11　结论

在本章中, 我们展示了如何创建一个 Shiny 应用程序来上传和可视化时空数据. 我们展示了如何上传带有地图的 shapefile 文件和带有数据的 CSV 文件, 如何创建交互式可视化, 包括带有 **DT** 的表格、带有 **leaflet** 的地图和带有 **dygraphs** 的时间图, 以及如何添加反应性, 使用户能够显示特定的信息. 下面给出了 Shiny 应用程序的完整代码, 图15.1中显示了创建的 Shiny 应用程序的快照. 我们可以通过修改布局和添加其他输入和输出来改善 Shiny 应用程序的外观和功能. 网站http://shiny.rstudio.com/包含多种资源, 可以用来改进 Shiny 应用程序.

```
library(shiny)
library(rgdal)
library(DT)
library(dygraphs)
library(xts)
library(leaflet)
```

```r
# ui 对象
ui <- fluidPage(
  titlePanel(p("空间应用程序", style = "color:#3474A7")),
  sidebarLayout(
    sidebarPanel(
      fileInput(
        inputId = "filedata",
        label = "上传数据. 选择 csv 格式文件",
        accept = c(".csv")
      ),
      fileInput(
        inputId = "filemap",
        label = "上传地图. 选择 shapefile 格式文件",
        multiple = TRUE,
        accept = c(".shp", ".dbf", ".sbn", ".sbx", ".shx", ".prj")
      ),
      selectInput(
        inputId = "variableselected",
        label = "选择变量",
        choices = c("cases", "population")
      ),
      selectInput(
        inputId = "yearselected",
        label = "选择年份",
        choices = 1968:1988
      ),
      p("使用", a("Shiny",
        href = "http://shiny.rstudio.com"
      ), "制作."),
      img(
        src = "imageShiny.png",
        width = "70px", height = "70px"
      )
    ),

    mainPanel(
      leafletOutput(outputId = "map"),
      dygraphOutput(outputId = "timetrend"),
      DTOutput(outputId = "table")
```

```r
    )
  )
)


# server()
server <- function(input, output) {
  data <- reactive({
    req(input$filedata)
    read.csv(input$filedata$datapath)
  })


  map <- reactive({
    req(input$filemap)

    # shpdf 是一个数据框，包含上传文件的名称、大小、类型和数据路径
    shpdf <- input$filemap

    # 上传的文件名称为 0.dbf, 1.prj, 2.shp, 3.xml, 4.shx
    # (path/names 是在 datapath 列中)
    # 我们需要把这些文件重新命名为实际的名字:
    # fe_2007_39_county.dbf, 等等
    # (这些在 name 列中)

    # 上传文件的临时目录的名称
    tempdirname <- dirname(shpdf$datapath[1])

    # 重命名文件
    for (i in   1:nrow(shpdf)) {
      file.rename(
        shpdf$datapath[i],
        paste0(tempdirname, "/", shpdf$name[i])
      )
    }

    # 现在我们用 rgdal 软件包的 readOGR() 读取 shapefile
    # 传递扩展名为 .shp 的文件名

    # 我们在字符向量 shpdf$name 的每个元素中
    # 使用函数 grep() 来搜索模式 "*.shp$".
```

```
    # grep(pattern="*.shp$", shpdf$name)
    # (末尾的 $ 表示以.shp 结尾的文件
    # 而不仅仅是包含.shp 的文件)
    map <- readOGR(paste(tempdirname,
      shpdf$name[grep(pattern = "*.shp$", shpdf$name)],
      sep = "/"
    ))
    map
  })


  output$table <- renderDT(data())


  output$timetrend <- renderDygraph({
    data <- data()
    dataxts <- NULL
    counties <- unique(data$county)
    for (l in 1:length(counties)) {
      datacounty <- data[data$county == counties[l], ]
      dd <- xts(
        datacounty[, input$variableselected],
        as.Date(paste0(datacounty$year, "-01-01"))
      )
      dataxts <- cbind(dataxts, dd)
    }
    colnames(dataxts) <- counties
    dygraph(dataxts) %>%
      dyHighlight(highlightSeriesBackgroundAlpha = 0.2) -> d1
    d1$x$css <- "
.dygraph-legend > span {display:none;}
.dygraph-legend > span.highlight { display: inline; }
"
    d1
  })


  output$map <- renderLeaflet({
    if (is.null(data()) | is.null(map())) {
      return(NULL)
    }
```

```
    map <- map()
    data <- data()

    # 将数据添加到地图上
    datafiltered <- data[which(data$year == input$yearselected), ]
    ordercounties <- match(map@data$NAME, datafiltered$county)
    map@data <- datafiltered[ordercounties, ]

    # 创建 variableplot
    map$variableplot <- as.numeric(
      map@data[, input$variableselected])

    # 创建 leaflet
    pal <- colorBin("YlOrRd", domain = map$variableplot, bins = 7)
    labels <- sprintf("%s: %g", map$county, map$variableplot) %>%
      lapply(htmltools::HTML)

    l <- leaflet(map) %>%
      addTiles() %>%
      addPolygons(
        fillColor = ~ pal(variableplot),
        color = "white",
        dashArray = "3",
        fillOpacity = 0.7,
        label = labels
      ) %>%
      leaflet::addLegend(
        pal = pal, values = ~variableplot,
        opacity = 0.7, title = NULL
      )
  })
}


# shinyApp()
shinyApp(ui = ui, server = server)
```

第 16 章

基于 SpatialEpiApp 的疾病监测

SpatialEpiApp (Moraga, 2017a) 是一个 R 软件包, 包含一个 Shiny 网络应用程序, 用于可视化空间和时空的疾病数据, 估计疾病风险和检测聚类. **SpatialEpiApp** 可能对许多从事公共卫生工作的研究人员和从业人员有用, 他们缺乏足够的统计和编程技能, 无法有效地使用进行疾病监测分析所需的统计软件. 使用 **SpatialEpiApp**, 用户只需上传地图和疾病数据, 然后点击按钮, 创建所需的输入文件, 分析数据, 并处理输出, 即可生成带有结果的表格和图表.

SpatialEpiApp 允许通过使用 **R-INLA** 来拟合贝叶斯层次模型以获得疾病风险估计值及其不确定性 (Rue 等, 2018), 以及通过使用 SaTScan 软件中实施的扫描统计量来检测聚类 (Kulldorff, 2006). 此外, 该应用程序允许用户互动, 并可通过以下软件包实现交互式可视化: 用于渲染地图的软件包 **leaflet**(Cheng 等, 2018)、用于绘制时间序列的软件包 **dygraphs**(Vanderkam 等, 2018) 和用于显示数据对象的软件包 **DT** (Xie 等, 2019). 它还能通过使用 R Markdown 生成包含所做分析的报告 (Allaire 等, 2019). 在本章中, 我们将介绍 **SpatialEpiApp** 的主要组成部分. 关于其使用、方法和例子的更多细节可以参见 Moraga (2017a).

16.1 安装

可以使用 **devtools** 软件包的 `install_github()` 函数来安装 **SpatialEpiApp** 的开发版本 (Wickham 等, 2019c).

```
library(devtools)
install_github("Paula-Moraga/SpatialEpiApp")
```

然后, 可以通过加载软件包和执行 `run_app()` 函数来启动该应用程序.

```
library(SpatialEpiApp)
run_app()
```

16.2   SpatialEpiApp 的使用

SpatialEpiApp 由 "Inputs"(输入)、"Analysis"(分析) 和 "Help"(帮助) 三个页面组成.

16.2.1 "Inputs" 页面

"Inputs" 页面是我们启动应用程序时看到的第一个页面 (见图16.1). 在这个页面, 我们可以上传地图和疾病数据, 并选择要进行的分析的类型.

- 该地图是一个带有研究区域的 shapefile 文件. 该 shapefile 文件需要包含区域的 id 和名称.
- 数据是一个 CSV 文件, 包含每个地区、时间的病例和人口, 以及个人层面的协变量 (如年龄、性别). 如果使用地区层面的协变量, 数据需要说明每个地区和时间的病例和人口, 以及协变量的值 (如社会经济指标).

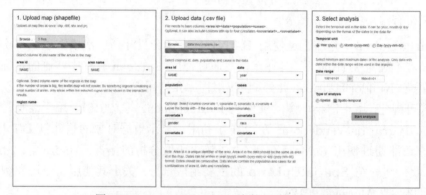

图 16.1   **SpatialEpiApp** 中的 "Inputs" 页面

请注意, CSV 文件中的区域的 id 需要与 shapefile 中区域的 id 相同, 以使数据和地图能够相链接. 时间可以是年、月、日, 所有的日期都需要是连续的. 例如, 如果我们处理的是 2000 年到 2010 年的信息, 那么我们需要提供 2000 年, 2001 年, 2002 年, · · ·, 2010 年所有年份的信息. 如果我们只有 2000 年、2005 年和 2010 年的资料, 该应用程序就无法工作. 一旦我们上传了地图和数据, 我们需要通过指定时间单位、日期范围和分析类型 (可以是空间的或时空的) 来选择分析的类型.

16.2.2 "Analysis" 页面

在 "Analysis" 页面, 我们可以将数据可视化, 进行统计分析, 并生成报告 (见图16.2). 在该页面的顶部, 有四个按钮:

- "Edit Inputs", 当我们希望返回 "输入" 页面修改分析选项或上传新数据时, 就会用到它;
- "Maps Pop O E SIR", 它创建了人口、观察、预期和 SIR 变量的图;
- "Estimate risk", 它被用来估计疾病风险和其不确定性;

- "Detect clusters", 它被用于疾病聚集的检测.

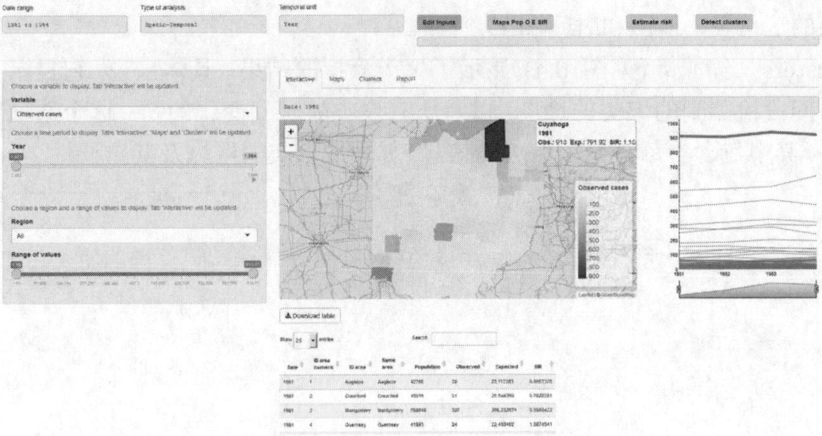

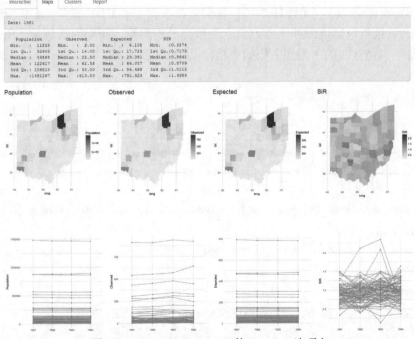

图 16.2 **SpatialEpiApp** 的 "Analysis" 页面

　　为了获得疾病风险估计, 我们需要安装 **R-INLA** 软件包. 为了检测是否有聚集, 我们需要从http://www.satscan.org下载并安装 SaTScan 软件. 然后我们需要找到安装 SaTScan 软件的文件夹, 将 SaTScanBatch64 可执行文件复制到位于 R 库路径中的 SpatialEpiApp/SpatialEpiApp/ss 文件夹中. 注意, R 库路径可以通过键入 .libPaths() 获得.

　　"Analysis" 页面还包含四个选项卡, 分别是 "Interactive"(互动)、"Maps"(地图)、"Clusters"(聚类) 以及包含结果的表格和图表的 "Report"(报告). "Maps" 选项卡 (见图16.3)

图 16.3 **SpatialEpiApp** 的 "Maps" 选项卡

显示了通过点击 "Map Pop O E SIR" 和 "Estimate risk" 按钮得到的结果. 具体来说,
它显示了人口、观察到的病例数、预期病例数、SIR、疾病风险以及 95% 可信区间的下
限和上限的汇总表、地图和时间图.

　　"Clusters" 选项卡 (见图16.4) 显示了聚类分析的结果. 具体来说, 它显示了研究期
间每个时间段检测到的聚类的地图, 以及所有聚类随时间变化的图. 这个选项卡还包括
一个表格, 其中包含与每个聚类相关的信息, 如形成聚类的区域及其重要性.

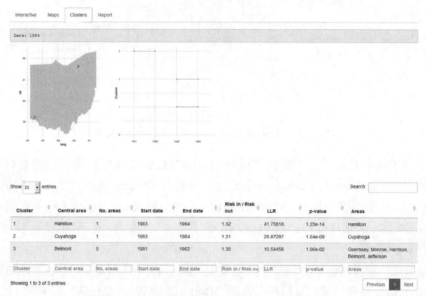

图 16.4　　**SpatialEpiApp** 的 "Clusters" 选项卡

在 "Report" 选项卡 (见图16.5) 中, 我们可以下载一个 PDF 文件, 其中包含我们的
分析结果. 该报告包括地图和汇总人口、观察到的病例数、预期的病例数、SIR、疾病
风险和 95% 可信区间的下限和上限的表格, 以及检测到的类.

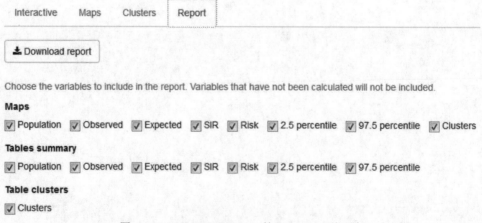

图 16.5　　**SpatialEpiApp** 的 "Report" 选项卡

16.2.3 "Help" 页面

最后, "Help" 按钮会重定向到 "Help" 页面, 显示有关 **SpatialEpiApp** 使用的信息, 以及用于构建应用程序的统计方法和 R 软件包.

附录 A

R 的安装及本书用到的软件包

A.1 R 与 RStudio 的安装

R(https://www.r-project.org) 是一个免费的、开源的、用于统计计算和图形的软件环境, 有许多优秀的软件包用于导入和处理数据、统计建模及可视化. R 可以从 CRAN (the Comprehensive R Archive Network) 下载和安装 (https://cran.rstudio.com). 建议使用称为 RStudio 的集成开发环境 (IDE) 运行 R. RStudio 允许更容易地与 R 互动, 它可以从网站https://www.rstudio.com/products/rstudio/download免费下载. RStudio 包含几个用于不同目的的面板. 图A.1展示了 RStudio 集成开发环境的快照, 其中有以下四个面板:

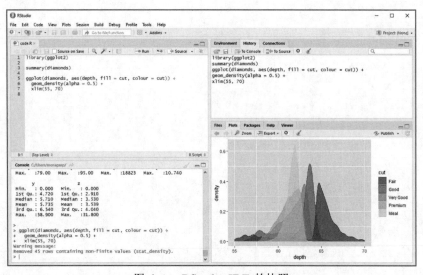

图 A.1　RStudio IDE 的快照

1. 代码编辑器 (左上方) : 这个面板是我们创建和查看 R 脚本文件的地方.
2. 控制台 (左下方) : 在这里我们可以看到 R 代码的执行和输出. 我们可以从代码编辑器中执行 R 代码, 或者直接在控制台面板中输入 R 命令.
3. 环境/历史 (右上方) : 这个面板包含 "Enviroment" 选项卡 (包括数据集、变量和其他创建的 R 对象), 以及 "History" 选项卡 (包括之前执行的 R 命令的历史). 这个面板也可包含其他选项卡, 如用于版本控制的 "Git".

4. 文件/绘图/包/帮助 (右下方)：在这里我们可以看到工作目录中的文件 ("Files" 选项卡)，以及生成的图形 ("Plots" 选项卡)．这个面板还包含其他选项卡, 如 "Packages" 和 "Help".

A.2 R 程序包的安装

要从 CRAN 中安装一个 R 包, 我们需要使用函数 install.packages(), 将包的名称作为第一个选项传递给它. 例如, 要安装 **sf** 软件包, 我们需要输入

```
install.packages("sf")
```

然后, 为了使用这个包, 我们需要使用函数 library() 加载它.

```
library(sf)
```

A.3 本书用到的 R 程序包

本书中使用的软件包的信息如下.

```
R version 3.6.1 (2019-07-05)
Platform: x86_64-w64-mingw32/x64 (64-bit)
Running under: Windows 10 x64 (build 17134)

Matrix products: default

attached base packages:
[1] stats       graphics  grDevices utils     datasets
[6] methods     base

other attached packages:
 [1] DT_0.7              wbstats_0.2
 [3] kableExtra_1.1.0    gapminder_0.3.0
 [5] reshape2_1.4.3      lwgeom_0.1-7
 [7] raster_2.9-5        gghighlight_0.1.0
 [9] tidyr_0.8.3         SpatialEpiApp_0.3
[11] cowplot_0.9.4       dplyr_0.8.3
[13] spdep_1.1-2         spData_0.3.0
[15] SpatialEpi_1.2.3    INLA_18.07.12
[17] Matrix_1.2-17       tmap_2.2
[19] RColorBrewer_1.1-2  mapview_2.7.0
[21] leaflet_2.0.2       rgdal_1.4-4
[23] sp_1.3-1            rnaturalearth_0.1.0
[25] oce_1.1-1           gsw_1.0-5
```

```
[27] testthat_2.1.1        cholera_0.6.5
[29] geoR_1.7-5.2.1        viridis_0.5.1
[31] viridisLite_0.3.0     ggplot2_3.2.0
[33] sf_0.7-6             knitr_1.23

loaded via a namespace (and not attached):
 [1] backports_1.1.4       plyr_1.8.4
 [3] lazyeval_0.2.2        splines_3.6.1
 [5] crosstalk_1.0.0       digest_0.6.20
 [7] leafpop_0.0.1         htmltools_0.3.6
 [9] gdata_2.18.0          fansi_0.4.0
[11] magrittr_1.5          RandomFieldsUtils_0.5.3
[13] readr_1.3.1           gmodels_2.18.1
[15] colorspace_1.4-1      rvest_0.3.4
[17] ggrepel_0.8.1         xfun_0.8
[19] leafem_0.0.1          tcltk_3.6.1
[21] callr_3.3.0           crayon_1.3.4
[23] jsonlite_1.6          zeallot_0.1.0
[25] glue_1.3.1            gtable_0.3.0
[27] webshot_0.5.1         MatrixModels_0.4-1
[29] scales_1.0.0          DBI_1.0.0
[31] Rcpp_1.0.1            RandomFields_3.3.6
[33] xtable_1.8-4          units_0.6-3
[35] foreign_0.8-71        stats4_3.6.1
[37] htmlwidgets_1.3       httr_1.4.0
[39] pkgconfig_2.0.2       XML_3.98-1.20
[41] deldir_0.1-22         utf8_1.1.4
[43] tidyselect_0.2.5      labeling_0.3
[45] rlang_0.4.0           later_0.8.0
[47] tmaptools_2.0-1       munsell_0.5.0
[49] tools_3.6.1           cli_1.1.0
[51] splancs_2.01-40       evaluate_0.14
[53] stringr_1.4.0         yaml_2.2.0
[55] processx_3.4.0        purrr_0.3.2
[57] satellite_1.0.1       nlme_3.1-140
[59] mime_0.7             xml2_1.2.0
[61] compiler_3.6.1        rstudioapi_0.10
[63] curl_3.3             png_0.1-7
[65] e1071_1.7-2          tibble_2.1.3
[67] stringi_1.4.3        highr_0.8
[69] ps_1.3.0             rgeos_0.4-3
[71] lattice_0.20-38      classInt_0.3-3
[73] vctrs_0.2.0          pillar_1.4.2
[75] LearnBayes_2.15.1    maptools_0.9-5
```

```
[77] httpuv_1.5.1              R6_2.4.0
[79] bookdown_0.11             promises_1.0.1
[81] KernSmooth_2.23-15        gridExtra_2.3
[83] codetools_0.2-16          dichromat_2.0-0
[85] boot_1.3-22               MASS_7.3-51.4
[87] gtools_3.8.1              assertthat_0.2.1
[89] withr_2.1.2               Deriv_3.8.5
[91] expm_0.999-4              parallel_3.6.1
[93] hms_0.5.0                 grid_3.6.1
[95] coda_0.19-3               class_7.3-15
[97] rmarkdown_1.13            shiny_1.3.2
[99] base64enc_0.1-3
```

参考文献

Allaire, J., Y. Xie, J. McPherson, J. Luraschi, K. Ushey, A. Atkins, H. Wickham, J. Cheng, W. Chang, R. Iannone (2019). Rmarkdown: Dynamic Documents for R. `https://CRAN.R-project.org/package=rmarkdown`.

Appelhans, T., F. Detsch, C. Reudenbach, S. Woellauer (2019). Mapview: Interactive Viewing of Spatial Data in R. `https://CRAN.R-project.org/package=mapview`.

Banerjee, S., B. P. Carlin, A. E. Gelfand (2004). Hierarchical Modeling and Analysis for Spatial Data. Chapman & Hall/CRC.

Bernardinelli, L., D. G. Clayton, C. Pascutto, C. Montomoli, M. Ghislandi, M. Songini (1995). Bayesian analysis of space-time variation in disease risk. Statistics in Medicine, 14: 2433-2443.

Besag, J., J. York, A. Mollié (1991). Bayesian image restoration with applications in spatial statistics (with discussion). Annals of the Institute of Statistical Mathematics, 43: 1-59.

Bivand, R. (2019). Spdep: Spatial Dependence: Weighting Schemes, Statistics and Models. `https://CRAN.R-project.org/package=spdep`.

Bivand, R., T. Keitt, B. Rowlingson (2019). Rgdal: Bindings for the 'Geospatial' Data Abstraction Library. `https://CRAN.R-project.org/package=rgdal`.

Bivand, R., E. J. Pebesma,V. Gómez-Rubio (2013). Applied Spatial Data Analysis with R. 2nd. Springer.

Blangiardo, M., M. Cameletti (2015). Spatial and Spatio-Temporal Bayesian Models with R-INLA. 1st. Chichester, UK: John Wiley & Sons, Ltd.

Bryan, J. (2017). Gapminder: Data from Gapminder. `https://CRAN.R-project.org/package=gapminder`.

Cameletti, M., F. Lindgren, D. Simpson, H. Rue (2013). Spatio-temporal modeling of particulate matter concentration through the SPDE approach. AStA Advances in Statistical Analysis, 97(2): 109-131.

Chang, W. (2018). Webshot: Take Screenshots of Web Pages. `https://CRAN.R-project.org/package=webshot`.

Chang, W., B. Borges Ribeiro (2018). Shinydashboard: Create Dashboards with 'Shiny'. `https://CRAN.R-project.org/package=shinydashboard`.

Chang, W., J. Cheng, J. Allaire, Y. Xie, J. McPherson (2019). Shiny: Web Application Framework for R. `https://CRAN.R-project.org/package=shiny`.

Cheng, J., B. Karambelkar, Y. Xie (2018). Leaflet: Create Interactive Web Maps with the JavaScript 'Leaflet' Library. `https://CRAN.R-project.org/package=leaflet`.

Cressie, N. A. C. (1993). Statistics for Spatial Data. New York: John Wiley & Sons.

Diggle, P. J., P. Moraga, B. Rowlingson, B. M. Taylor (2013). Spatial and Spatio-Temporal Log-Gaussian Cox Processes: Extending the Geostatistical Paradigm. Statistical Science, 28(4): 542-563.

Diggle, P. J., P. J. Ribeiro Jr. (2007). Model-based Geostatistics. 1st. Springer Series in Statistics.

Elliott, P., D. Wartenberg (2004). Spatial epidemiology: Current approaches and future challenges. Environmental Health Perspectives, 112(9): 998-1006.

Freni-Sterrantino, A., M. Ventrucci, H. Rue (2018). A note on intrinsic conditional autoregressive models for disconnected graphs. Spatial and Spatio-temporal Epidemiology, (26): 25-34.

Fuglstad, G.-A., D. Simpson, F. Lindgren, H. Rue (2019). Constructing Priors that Penalize the Complexity of Gaussian Random Fields. Journal of the American Statistical Association, 114(525): 445-452.

Garnier, S. (2018). Viridis: Default Color Maps from 'matplotlib'. `https://CRAN.R-project.org/package=viridis`.

Gelfand, A. E., P. J. Diggle, P. Guttorp, M. Fuentes (2010). Handbook of Spatial Statistics. Boca Raton, Florida: Chapman & Hall/CRC.

Gelman, A., D. B. Rubin (1992). Inference from iterative simulations using multiple sequences. Statistical Science, 7: 457-511.

Geweke, J. (1992). Evaluating the accuracy of sampling-based approaches to the calculation of posterior moments. New York: In J. Bernardo, J. Berger, A. Dawid, and A. Smith (Eds.),Bayesian Statistic 4. New York: Oxford University Press.

Gotway, C. A., L. J. Young (2002). Combining incompatible spatial data. Journal of the American Statistical Association, 97(458): 632-648.

Grolemund, G. (2014). Hands-On Programming with R. 1st. Sebastopol, California: O'Reilly.

Guttorp, P., T. Gneiting (2006). Studies in the history of probability and statistics xlix on the Matern correlation family. Biometrika, 93(4): 989-995.

Hagan, J. E., P. Moraga, F. Costa, N. Capian, G. S. Ribeiro, E. A. W. Jr., R. D. M. Felzemburgh, R. B. Reis, N. Nery, F. S. Santana, D. Fraga, B. L. dos Santos, A. C. Santos, A. Queiroz, W. Tassinari, M. S. Carvalho, M. G. Reis, P. J. Diggle, A. I. Ko (2016). Spatio-temporal determinants of urban leptospirosis transmission: Four-year prospective cohort study of slum residents in Brazil. Public Library of Science: Neglected Tropical Diseases, 10(1): e0004275.

Held, L., B. Schrödle, H. Rue (2010). Posterior and cross-validatory predictive checks: A comparison of MCMC and INLA. In T. Kneib, G. Tutz (Eds.), Statistical Modelling and Regression Structures-Festschrift in Honour of Ludwig Fahrmeir, pp: 91-110. Berlin: Springer Verlag.

Hester, J. (2019). Glue: Interpreted String Literals. `https://CRAN.R-project.org/package=glue`.

Hijmans, R. J. (2019). Raster: Geographic Data Analysis and Modeling. `https://CRAN.R-project.org/package=raster`.

Iannone, R., J. Allaire, B. Borges (2018). Flexdashboard: R Markdown Format for Flexible Dashboards. `https://CRAN.R-project.org/package=flexdashboard`.

Kim, A. Y., J. Wakefield (2018). SpatialEpi: Methods and Data for Spatial Epidemiology. `https://CRAN.R-project.org/package=SpatialEpi`.

Knorr-Held, L. (2000). Bayesian modelling of inseparable space-time variation in disease risk. Statistics in Medicine, 19: 2555-2567.

Krainski, E. T., V. Gómez-Rubio, H. Bakka, A. Lenzi, D. Castro-Camilo, D. Simpson, F. Lindgren, H. Rue (2019). Advanced Spatial Modeling with Stochastic Partial Differential Equations Using R and INLA. 1st. Boca Raton, Florida: Chapman & Hall/CRC.

Kullback, S., R. A. Leibler (1951). On information and sufficiency. The Annals of Mathematical Statistics: 79-86.

Kulldorff, M. (2006). SaTScan(TM) v. 7.0. Software for the spatial and space-time scan statistics. `http://www.satscan.org`.

Lawson, A. B. (2009). Bayesian Disease Mapping: Hierarchical Modeling In Spatial Epidemiology. Boca Raton, Florida: Chapman & Hall/CRC.

Lee, L. M., S. M. Teutsch, S. B. Thacker, M. E. S. Louis (2010). Principles and Practice of Public Health Surveillance. 3rd. New York: Oxford University Press.

Li, P. (2019). Cholera: Amend, Augment and Aid Analysis of John Snow's Cholera Map. `https://CRAN.R-project.org/package=cholera`.

Lindgren, F., H. Rue (2015). Bayesian Spatial Modelling with R-INLA. Journal of Statistical Software, 63.

Lovelace, R., J. Nowosad, J. Muenchow (2019). Geocomputation with R. 1st. Boca Raton, Florida: Chapman & Hall/CRC.

Lunn, D. J., A. Thomas, N. Best, D. Spiegelhalter (2000). WinBUGS: a Bayesian modelling framework: concepts, structure, and extensibility. Statistics and Computing, 10(4): 325-337.

Martínez-Beneito, M. A., A. López-Quílez, P. Botella-Rocamora (2008). An autoregressive approach to spatio-temporal disease mapping. Statistics and Medicine, 27: 2874-2889.

Moraga, P. (2017a). SpatialEpiApp: A Shiny Web Application for the analysis of Spatial and Spatio-Temporal Disease Data. Spatial and Spatio-temporal Epidemiology, 23: 47-57.

Moraga, P. (2017b). SpatialEpiApp: A Shiny Web Application for the Analysis of Spatial and Spatio-Temporal Disease Data. R package version 0.3.

Moraga, P. (2018). Small Area Disease Risk Estimation and Visualization Using R. The R Journal, 10(1): 495-506.

Moraga, P., J. Cano, R. F. Baggaley, J. O. Gyapong, S. M. Njenga, B. Nikolay, E. Davies, M. P. Rebollo, R. L. Pullan, M. J. Bockarie, T. D. Hollingsworth, M. Gambhir, S. J. Brooker (2015). Modelling the distribution and transmission intensity of lymphatic filariasis in sub-Saharan Africa prior to scaling up interventions: integrated use of geostatistical and mathematical modelling. Public Library of Science: Neglected Tropical Diseases, 8: 560.

Moraga, P., S. Cramb, K. Mengersen, M. Pagano (2017). A geostatistical model for combined analysis of point-level and area-level data using INLA and SPDE. Spatial Statistics, 21: 27-41.

Moraga, P., I. Dorigatti, Z. N. Kamvar, P. Piatkowski, S. E. Toikkanen, V. N. VP, C. A. Donnelly, T. Jombart (2019). Epiflows: an R package for risk assessment of travel-related spread of disease. F1000Research, 7: 1374.

Moraga, P., Kulldorff (2016). Detection of spatial variations in temporal trends with a quadratic function. Statistical Methods for Medical Research, 25(4): 1422-1437.

Moraga, P., A. B. Lawson (2012). Gaussian component mixtures and CAR models in Bayesian disease mapping. Computational Statistics & Data Analysis, 56(6): 1417-1433.

Moraga, P., F. Montes (2011). Detection of spatial disease clusters with LISA functions. Statistics in Medicine, 30: 1057-1071.

Neuwirth, E. (2014). RColorBrewer: ColorBrewer Palettes. `https://CRAN.R-project.org/package=RColorBrewer`.

Openshaw, S. (1984). The Modifiable Areal Unit Problem. Norwich, UK: Geo Books.

Osgood-Zimmerman, A., A. I. Millear, R. W. Stubbs, C. Shields, B. V. Pickering, L. Earl, N. Graetz, D. K. Kinyoki, S. E. Ray, S. Bhatt, A. J. Browne, R. Burstein, E. Cameron, D. C. Casey, A. Deshpande, N. Fullman, P. W. Gething, H. S. Gibson, N. J. Henry, M. Herrero, L. K. Krause, I. D. Letourneau, A. J. Levine, P. Y. Liu, J. Longbottom, B. K. Mayala, J. F. Mosser, A. M. Noor, D. M. Pigott, E. G. Piwoz, P. Rao, R. Rawat, R. C. Reiner, D. L. Smith, D. J. Weiss, K. E. Wiens, A. H. Mokdad, S. S. Lim, C. J. L. Murray, N. J. Kassebaum, S. I. Hay (2018). Mapping child growth failure in Africa between 2000 and 2015. Nature, 555: 41-47.

Pebesma, E. (2019). Sf: Simple Features for R. `https://CRAN.R-project.org/package=sf`.

Pebesma, E., R. Bivand (2018). Sp: Classes and Methods for Spatial Data. `https://CRAN.R-project.org/package=sp`.

Pedersen, T. L., D. Robinson (2019). Gganimate: A Grammar of Animated Graphics. `https://CRAN.R-project.org/package=gganimate`.

Piburn, J. (2018). Wbstats: Programmatic Access to Data and Statistics from the World Bank API. `https://CRAN.R-project.org/package=wbstats`.

Plummer, M. (2019). JAGS (Just Another Gibbs Sampler). Program for analysis of Bayesian hierarchical models using MCMC. `http://mcmc-jags.sourceforge.net/`.

Polonsky, J. A., A. Baidjoe, Z. N. Kamvar, A. Cori, K. Durski, W. J. Edmunds, R. M. Eggo, S. Funk, L. Kaiser, P. Keating, O. le Polain de Waroux, M. Marks, P. Moraga, O. Morgan, P. Nouvellet, R. Ratnayake, C. H. Roberts, J. Whitworth, T. Jombart (2019). Outbreak analytics: a developing data science for informing the response to emerging pathogens. Philosophical Transactions B, 374(1776): 20180276.

Ribeiro Jr, P. J., P. J. Diggle (2018). GeoR: Analysis of Geostatistical Data. `https://CRAN.R-project.org/package=geoR`.

Riebler, A., S. H. Sørbye, D. Simpson, H. Rue (2016). An intuitive Bayesian spatial model for disease mapping that accounts for scaling. Statistical Methods in Medical Research, 25(4): 1145-1165.

Robinson, W. S. (1950). Ecological Correlations and the Behavior of Individuals. American Sociological Review, 15(3): 351-357.

Rue, H., F. Lindgren, D. Simpson, S. Martino, E. Teixeira Krainski, H. Bakka, A. Riebler, G A. Fuglstad (2018). INLA: Full Bayesian Analysis of Latent Gaussian Models using Integrated Nested Laplace Approximations. R package version 18.07.12.

Rue, H., S. Martino, N. Chopin (2009). Approximate Bayesian Inference for Latent Gaussian Models Using Integrated Nested Laplace Approximations (with discussion). Journal of the Royal Statistical Society B, 71: 319-392.

Ryan, J. A., J. M. Ulrich (2018). Xts: eXtensible Time Series. `https://CRAN.R-project.org/package=xts`.

Schrödle, B., L. Held (2011). Spatio-temporal disease mapping using INLA. Environmetrics, 22(6): 725-734.

Shaddick, G., M. L. Thomas, A. Green (2018). Data integration model for air quality: A hierarchical approach to the global estimation of exposures to ambient air pollution. Journal of the Royal Statistical Society: Series C (Applied Statistics), 61(1): 231-253.

Sievert, C., C. Parmer, T. Hocking, S. Chamberlain, K. Ram, M. Corvellec, P. Despouy (2019). Plotly: Create Interactive Web Graphics via 'plotly.js'. `https://CRAN.R-project.org/package=plotly`.

Simpson, D., H. Rue, A. Riebler, T. G. Martins, S. H. Sørbye (2017). Penalising Model Component Complexity: A Principled, Practical Approach to Constructing Priors. Statistical Science, 32: 1-28.

Snow, J. (1857). Cholera, and the water supply in the South districts of London. British Medical Journal, 1(42): 864-865.

South, A. (2017). Rnaturalearth: World Map Data from Natural Earth. `https://CRAN.R-project.org/package=rnaturalearth`.

Stan Development Team (2019). Stan modeling language. `https://mc-stan.org/`.

Tennekes, M. (2019). Tmap: Thematic Maps. `https://CRAN.R-project.org/package=tmap`.

Ugarte, M. D., A. Adin, T. Goicoa, A. F. Militino (2014). On fitting spatio-temporal disease mapping models using approximate Bayesian inference. Statistical Methods in Medical Research, 23(6): 507-530.

Vaidyanathan, R., Y. Xie, J. Allaire, J. Cheng, K. Russell (2018). Htmlwidgets: HTML Widgets for R. https://CRAN.R-project.org/package=htmlwidgets.

Vanderkam, D., J. Allaire, J. Owen, D. Gromer, B. Thieurmel (2018). Dygraphs: Interface to 'Dygraphs' Interactive Time Series Charting Library. https://CRAN.R-project.org/package=dygraphs.

Wakefield, J. C., S. E. Morris (2001). The Bayesian Modeling of Disease Risk in Relation to a Point Source. Journal of the American Statistical Association(453), 96: 77-91.

Waller, L. A., C. A. Gotway (2004). Applied Spatial Statistics for Public Health Data. New York: Wiley.

Wang, X., Y. Y. Ryan, J. J. Faraway (2018). Bayesian Regression Modeling with INLA. 1st. Boca Raton, Florida: Chapman & Hall/CRC.

Watanabe, S. (2010). Asymptotic equivalence of Bayes cross validation and widely applicable information criterion in singular learning theory. Journal of Machine Learning Research, 11: 3571-3594.

Whittle, P. (1963). Stochastic Processes in Several Dimensions. Bulletin of the International Statistical Institute, 40: 974-994.

Wickham, H. (2019). Advanced R. 2nd. Boca Raton, Florida: Chapman & Hall/CRC The R Series.

Wickham, H., W. Chang, L. Henry, T. L. Pedersen, K. Takahashi, C. Wilke, K. Woo, H. Yutani (2019a). Ggplot2: Create Elegant Data Visualisations Using the Grammar of Graphics. https://CRAN.R-project.org/package=ggplot2.

Wickham, H., R. François, L. Henry, K. Müller (2019b). Dplyr: A Grammar of Data Manipulation. https://CRAN.R-project.org/package=dplyr.

Wickham, H., G. Grolemund (2016). R for Data Science. 1st. Sebastopol, California: O'Reilly.

Wickham, H., L. Henry (2019). Tidyr: Easily Tidy Data with 'spread()' and 'gather()' Functions. https://CRAN.R-project.org/package=tidyr.

Wickham, H., J. Hester, W. Chang (2019c). Devtools: Tools to Make Developing R Packages Easier. https://CRAN.R-project.org/package=devtools.

Wilke, C. O. (2019). Cowplot: Streamlined Plot Theme and Plot Annotations for 'ggplot2'. https://CRAN.R-project.org/package=cowplot.

Xie, Y. (2019a). Bookdown: Authoring Books and Technical Documents with R Markdown. https://CRAN.R-project.org/package=bookdown.

Xie, Y. (2019b). Knitr: A General-Purpose Package for Dynamic Report Generation in R. https://CRAN.R-project.org/package=knitr.

Xie, Y., J. Allaire, G. Grolemund (2018). R Markdown: The Definite Guide. 1st. Boca Raton, Florida: Chapman & Hall/CRC.

Xie, Y., J. Cheng, X. Tan, (2019). DT: A Wrapper of the JavaScript Library 'DataTables'. https://CRAN.R-project.org/package=DT.

Yutani, H. (2018). Gghighlight: Highlight Lines and Points in 'ggplot2'. https://CRAN.R-project.org/package=gghighlight.

Zhu, H. (2019). KableExtra: Construct Complex Table with 'kable' and Pipe Syntax. https://CRAN.R-project.org/package=kableExtra.

索引

统计学丛书

书号	书名	著译者
9787040607710	R 语言与统计分析（第二版）	汤银才 主编
9787040608199	基于 INLA 的贝叶斯推断	Virgilio Gomez-Rubio 著 汤银才、周世荣 译
9787040610079	基于 INLA 的贝叶斯回归建模	Xiaofeng Wang、Yu Ryan Yue、Julian J. Faraway 著 汤银才、周世荣 译
9787040604894	社会科学的空间回归模型	Guangqing Chi、Jun Zhu 著 王平平 译
9787040612615	基于 R-INLA 的 SPDE 空间模型的高级分析	Elias T. Krainski 等 著 汤银才、陈婉芳 译
9787040607666	地理空间健康数据：基于 R-INLA 和 Shiny 的建模与可视化	Paula Moraga 著 汤银才、王平平 译
9787040557596	MINITAB 软件入门：最易学实用的统计分析教程（第二版）	吴令云 等 编著
9787040588200	缺失数据统计分析（第三版）	Roderick J. A. Little、Donald B. Rubin 著 周晓华、邓宇昊 译
9787040554960	蒙特卡罗方法与随机过程：从线性到非线性	Emmanuel Gobet 著 许明宇 译
9787040538847	高维统计模型的估计理论与模型识别	胡雪梅、刘锋 著
9787040515084	量化交易：算法、分析、数据、模型和优化	黎子良 等 著 冯玉林、刘庆富 译
9787040513806	马尔可夫过程及其应用：算法、网络、基因与金融	Étienne Pardoux 著 许明宇 译
9787040508291	临床试验设计的统计方法	尹国至、石昊伦 著
9787040506679	数理统计（第二版）	邵军
9787040478631	随机场：分析与综合（修订扩展版）	Erik Vanmarke 著 陈朝晖、范文亮 译

书号	书名	著译者
9787040447095	统计思维与艺术：统计学入门	Benjamin Yakir 著 徐西勒 译
9787040442595	诊断医学中的统计学方法（第二版）	侯艳、李康、宇传华、周晓华 译
9787040448955	高等统计学概论	赵林城、王占锋 编著
9787040436884	纵向数据分析方法与应用（英文版）	刘宪
9787040423037	生物数学模型的统计学基础（第二版）	唐守正、李勇、符利勇 著
9787040419504	R 软件教程与统计分析：入门到精通	潘东东、李启寨、唐年胜 译
9787040386721	随机估计及 VDR 检验	杨振海
9787040378177	随机域中的极值统计学：理论及应用（英文版）	Benjamin Yakir 著
9787040372403	高等计量经济学基础	缪柏其、叶五一
9787040322927	金融工程中的蒙特卡罗方法	Paul Glasserman 著 范韶华、孙武军 译
9787040348309	大维统计分析	白志东、郑术蓉、姜丹丹
9787040348286	结构方程模型：Mplus 与应用（英文版）	王济川、王小倩 著
9787040348262	生存分析：模型与应用（英文版）	刘宪
9787040321883	结构方程模型：方法与应用	王济川、王小倩、姜宝法 著
9787040319682	结构方程模型：贝叶斯方法	李锡钦 著 蔡敬衡、潘俊豪、周影辉 译
9787040315370	随机环境中的马尔可夫过程	胡迪鹤 著

书号	书名	著译者
9787040256390	统计诊断	韦博成、林金官、解锋昌 编著
9787040250626	R 语言与统计分析	汤银才 主编
9787040247510	属性数据分析引论（第二版）	Alan Agresti 著 张淑梅、王睿、曾莉 译
9787040182934	金融市场中的统计模型和方法	黎子良、邢海鹏 著 姚佩佩 译

购书网站：高教书城（www.hepmall.com.cn），高教天猫（gdjycbs.tmall.com），京东, 当当, 微店

其他订购办法：

各使用单位可向高等教育出版社电子商务部汇款订购。
书款通过银行转账，支付成功后请将购买信息发邮件或
传真，以便及时发货。购书免邮费，发票随书寄出（大
批量订购图书，发票随后寄出）。

单位地址：北京西城区德外大街4号
电　　话：010-58581118
传　　真：010-58581113
电子邮箱：gjdzfwb@pub.hep.cn

通过银行转账：

户　　名：高等教育出版社有限公司
开 户 行：交通银行北京马甸支行
银行账号：110060437018010037603